LIANGZI SUANFA YU BIANCHENG RUMEN

量子算法与编程入门

主编　傅鹏　向宏　向涛

重庆大学出版社

内容提要

量子计算与传统计算在概念上有着巨大差异,理解较困难。本书阐述了量子算法与编程,按照通用量子计算所需的知识线索,循序渐进,环环相扣,扫除了理解障碍。量子系统的刻画和相关数学基础都是以这种需求逻辑进行安排的。解析的几种量子算法具有问题和算法的双重清晰性,算法分析则揭示了算法的奥秘。量子编程部分详细介绍了量子编程语言和一些已出现的实验平台,并展示了算法的编程实现。

本书既可用于量子算法与编程的教学,也可用于量子计算自学的引导。

图书在版编目(CIP)数据

量子算法与编程入门/傅鹏,向宏,向涛主编. --重庆:重庆大学出版社,2018.5

新工科系列.软件工程类教材

ISBN 978-7-5689-1076-7

Ⅰ.①量… Ⅱ.①傅…②向…③向… Ⅲ.①程序设计—高等学校—教材 Ⅳ.①TP311.1

中国版本图书馆 CIP 数据核字(2018)第 099971 号

量子算法与编程入门

主编 傅 鹏 向 宏 向 涛

策划编辑:何 梅 范 琪

责任编辑:李定群 版式设计:何 梅 范 琪

责任校对:关德强 责任印制:张 策

*

重庆大学出版社出版发行

出版人:易树平

社址:重庆市沙坪坝区大学城西路 21 号

邮编:401331

电话:(023) 88617190 88617185(中小学)

传真:(023) 88617186 88617166

网址:http://www.cqup.com.cn

邮箱:fxk@ cqup.com.cn(营销中心)

全国新华书店经销

重庆市正前方彩色印刷有限公司印刷

*

开本:787mm×1092mm 1/16 印张:11.25 字数:168 千

2018 年 5 月第 1 版 2018 年 5 月第 1 次印刷

印数:1—2 000

ISBN 978-7-5689-1076-7 定价:48.00 元

前 言

量子世界有着十分奇异的现象，与人们的直觉相去甚远。例如，量子叠加，薛定谔猫处于既是死的又是活的状态，尽管这只是一个思想实验，仍让人们不能接受其中直指的量子状态叠加概念。其实，量子态的叠加本身毫不奇怪，简言之，波函数所满足的薛定谔方程是线性的，函数空间是向量空间，进而在典则内积下成为希尔伯特空间，量子态可由特征态的线性组合表达，这就是叠加的源头。超越单纯的量子叠加，令人称奇的是波函数坍缩，就是系统虽然可处于多态叠加，但只要一测量，立即就坍缩到仅是一个特征态，且还不是确定地坍缩到某个特征态，而是按照概率分布行事。这意味着两点：一是系统的状态从某种意义上讲永远无法知晓；二是相同叠加态的每次测量结果都可能完全不同。又如，量子纠缠，若说纠缠只不过是两个东西密切地关联着，这不奇特；若进一步说两个关联着的东西即便被分开到天各一方还是有关联，这也不奇怪，就像被分开的一双鞋，仍因本是一双鞋而有关联。但是，量子纠缠是讲，如两个纠缠的粒子，无论分开多远，即便各处银河系的两端，不仅还有关联，而且一旦测量一个粒子坍缩到一个特征态，就能立即确定地预知银河系另一端那个尚未测量的粒子态的测量结果，就好像是完全无需时间的信息传输。尽管人们也用一双鞋来打比方解释量子纠缠，但为什么会纠缠成如此状况就不是一件清楚的事情了。因此，连爱因斯坦也不信，即便他作为量子纠缠的发现者，也从未信服，称之为鬼魅的超距作用。

这就决定了量子理论确实更难懂，也决定了量子计算与传统计算必有概念上的鸿沟。因此，本书虽是一本入门书，但需要读者尽可能已经扫除了量子领域最基本的知识障碍，包括量子力学和量子计算中最具原生性的一些概念。换言之，书中并非从头讲述一切，那样反而分散了本应集中于量子算法和编程上的力量。因此，书中按照此种要求进行安排，在适当的层面上找到若干逻辑起点，使得逻辑链条脉络清晰，建立利于学习的系统，使步步向前的推进得以流畅。

即便是一本小书，也是在多方的默契与支持下才会顺利地面世。衷心感谢各方以各种方式给予的有效配合与帮助。特别要提到的包括信息物理社会可信服务计算教育部重点实验室的张鑫、何湘、张亚妮等，他们不仅在实验素材和相关事务等方面提供了充分、直接的协助，而且在为尽可能减少工作环境的硬软干扰方面默默地做了大量事情，这些都是本书能够以所需效率完成和出版的不可忽视的原因。

由于知识在任何时候的无法穷尽，作者在任何阶段的认知局限，即便是一本小书，也难免存在笔误、瑕疵、疏漏，甚至可能有未及时发现的差错和谬误，恳请读者指正。

编　者

2017 年 12 月

目 录

第 1 章　相关基础

如果是为了理解量子计算机——确切地说，本书仅限于通用量子计算机，忽略仍然可能是非常重要的专用量子计算机——那么，看待量子系统的角度、层面和重心，必定与研究量子力学本身有所不同。结果是，为了更好地理解量子计算、量子算法和编程，更应该站在抽象的层面看问题，而不能过分陷入细枝末节。这样，最需要的基础是什么，应该以怎样的步骤去深入，就会变得更加鲜明起来。

1.1　量子系统的理解

量子系统的行为是量子计算的物理基础。在传统电子计算机领域，算法设计者和软件开发者对电子计算机硬件的基本原理有足够的了解是应该的，不然就会只知其然而不知其所以然，终究会在不同程度上影响专业效率和水准。因此，在量子计算领域，同样应该适当了解由量子力学描述的量子现象，在物理层面上掌握所需的那些基本原理。

但仅仅停留在这个层面还不够。在某种意义上，应该反过来强调，更重要的是从抽象的层面去把握事物的本质，而不是过分陷入烦琐的枝节。例如，当今电子计算机在物理层面的核心原理，与晶体管的特性密切相关，由此构造各种逻辑器件。然而对算法和软件设计者而言，在对物理细节有了所需的了解之后，应该尽快上升到抽象模型的认识层次。以三态逻辑门为例，它有代表 1 的高电平、代表 0 的低电平和高阻态 3 种状态，其本质是可由控制端的信号是 1 还是 0 来控制线路处于接通和断开状态。这本质上就是一个逻辑控制开关，接通时可传送 0 或 1 信号，断开时就隔离了信号传递。到了这一层，就不必去操心到底电压多少伏是高电平，多少伏是低电平；不必去操心到底每单位电压的电流低到多少微安才是高阻态。

在量子计算领域也是如此。通用量子计算机虽然是植根于具有纷繁细节的量子物理规律，但在了解了所需最基本的量子特性之后，也应该尽快上升到抽象化的本质层面。正如传统的三态逻辑门抽象模型是一个那么明确的抽象，只有到了那样的抽象层面，意思反而才会变得更加明白。

1.1.1　量子系统的抽象描述

从何开始？就从波恩（Born，1926）、狄拉克（Dirac，1930）和冯·诺依曼（von Neumann，1932）等先驱的奠基性成果开始。下面讨论量子系统可以如何抽象地刻画。

要刻画任何一个动态系统，首先要明确系统状态及其演化规律；而状态可能是不便于直接观测的，就像一个人的内心世界；然后要明确系统的可观测量是（些）什么，它（们）是如何关联到状态的，就像一个人的外在行为。

在量子力学里，状态并不是直接由具体的物理量组成的，如粒子的位置、速度、动量、角动量、能量及时间等，这些物理量并不直接构成量子系统的状态；准确地说，量子系统状态是某些物理量的函数，包括时间；而系统的一个可观测量则是一个状态的函数，这是因为状态不便直接观测，只能观测某些状态的函数来获得状态信息——这等于说一个可观测量就是一个状态的函数。这有一点抽象了，但还不够；为理解量子计算，起码要超越物理量这个层面，只聚焦以下 3 点：

①量子系统每一时刻处于一个状态。

②系统的状态不便于直接观测，只能通过某些可观测量（为状态的函数）来获得其信息。

③系统的状态从这一刻到下一刻有特定的演化规律。

这里已经没有提到任何一种具体的物理量，而系统的状态则成为核心。

为了让这种抽象明确化，现来看看抽象描述量子系统的狄拉克-冯·诺依曼公理集（Dirac，1930；von Neumann，1932），下面是其大致内容。

设H是可数维复希尔伯特空间。

①量子系统的状态是H中的单位向量$|\psi\rangle$，它乘以任一相位因子$e^{i\theta}$仍是同一状态，即$e^{i\theta}|\psi\rangle$与$|\psi\rangle$是同一个状态。

②量子系统的每个可观测量A是H上的自伴算子，该算子可以是无界的。

③量子系统的一个可观测量A在状态$|\psi\rangle$下的期望值等于$|\psi\rangle$与$A|\psi\rangle$的内积，即$\langle|\psi\rangle, A|\psi\rangle\rangle = \langle\psi|A|\psi\rangle$。

先粗略地解释一下这套公理。

首先，可数维复希尔伯特空间就是量子系统的状态空间，也就是说，系统的状态作为该空间的向量就在那个空间里变化。可数维太广泛了，实际意义下的量子计算，有限维就够了，而且更方便。复希尔伯特空间就是复数域上的希尔伯特空间，这是量子力学所需；实数域是不够的，而其他域连保证内积的正定性都困难，完备性也成问题。有限维加上复数域的完备性，已经能保证整个内积空间的完备性，自然就是希尔伯特空间。因此，有限维复希尔伯特空间才是我们刚好需要的。

接下来的第一条，状态为单位向量是归一化条件要求，因为所有可能的测量结果的概率之和必为1；但总相位因子并无任何可区分的物理意义，故在特别包括量子计算在内的有关分析中，总是可以忽略的。

第二条，系统的一个可观测量本质上是状态的一个函数，而在复希尔伯特空间这个线性空间里，这样一个函数就是一个线性算子。复希尔伯特空间中的一个线性算子A，通过由内积关系表现的线性函数关系，唯一地对应着一个线性算子A^*，称为A的伴随算子；当恰好A的伴随算子等于自己时，它就是自伴算子。作为可观测量的自伴算子，允许是无界的。但当仅限于已够用的有限维复希尔伯特空间时，任何线性算子都是有界的。此时，自伴算子则变得非常明确，就是一个埃尔米特矩阵，即其共轭转置等于自身的矩阵。

第三条，暗示了一个可观测量是随机量；又因它是状态的函数，其实是反映了量子系统的状态是随机量这个本源。明确地说，给定一个可观测量A，对于同一个状态$|\psi\rangle$，每次通过A观测$|\psi\rangle$都可能会（按某种概率分布）得到不同的值，而观测结果的期望值为$\langle\psi|A|\psi\rangle$。

在公理化的鼻祖欧几里得那里，公理作为推理的起点，是不证自明的。后来，不证自明并不作为公理的必要属性，因为把系统归结为若干推理起点才是本，不必在无法兼顾的情况下强求不证自明性，所以现代的公理并不一定是显然的，量子力学的公理也是或更是如此。但无论如何，上述 3 条公理是量子力学先驱们为我们奠定的坚实基础。当然，要继续为理解量子计算、量子算法扫清障碍，还需要更多、更细的知识。例如，这套公理中没有细化可观测量与状态的具体关系，没有直接提到量子状态的演化规律，更没有量子计算所需的复合系统构成法则，等等。这是本节的后续小节要解决的问题，让我们沿着抽象化的路子，依据波恩定则、狄拉克-冯·诺依曼公理提供的线索，针对量子计算、量子算法和编程的需求范围，对量子系统的抽象数学框架给出明确化的描述和阐释（Hall，2013）。

下面设某个量子系统的状态空间H是一个复希尔伯特空间，并且只要需要，可默认它是一个有限维复希尔伯特空间，而不一定每次都特地去声明这一点。

1.1.2 可观测量及其与状态的关系

量子叠加原理表明若干量子态的线性组合仍是量子态。反过来说，一个量子态$|\psi\rangle$也可表示为若干量子态$|\psi_i\rangle$的叠加，具体就是

$$|\psi\rangle = \sum_i c_i |\psi_i\rangle,$$

此式可称为**量子态叠加表达式**，或简称**量子态叠加式**。不过，最为重要的不是这个一般的叠加式，而是当$\{|\psi_i\rangle\}$为状态空间H的规范正交基的情况。这就与量子系统的可观测量密切相关了。

一个量子系统，其状态在每个时刻只有一个$|\psi\rangle \in H$，但其可观测量可以有多个，每一个都是状态$|\psi\rangle$的一个函数。具体地，就是$A: H \to H$这样一个线性算子，并且它是一个自伴算子，即$A = A^*$。在有限维空间的情况下，自伴算子对应的变换矩阵为埃尔米特矩阵$A = A^\dagger$。这样一个自伴算子A的特征值和特征向量（也称**特征态**）具有很好的性质：它的特征值都是实数，更重要的是它必存在一组正交的单位特征向量，构成H的一组**规范正交基**。

下面考虑这样一个可观测量A。设状态空间H的维数为N。

首先，A的特征值$\{\lambda_0, \lambda_1, \dots, \lambda_{N-1}\}$均为实数，允许重根——单位矩阵就是明显例子；$A$必有一组对应的正交的单位特征向量$\{|a_0\rangle, |a_1\rangle, \dots, |a_{N-1}\rangle\}$，构成$H$的一组规范正交基，因此，对$i, j = 0,1, \dots, N-1$，有：

$$A|a_i\rangle = \lambda_i|a_i\rangle;$$

$$\langle a_i|a_j\rangle = \delta_{ij} = \begin{cases} 1 & 若 i = j \\ 0 & 若 i \neq j \end{cases}。$$

其中，δ_{ij}为克罗内克函数，会经常用到。

在量子计算中，这里的**规范正交基向量**$|a_i\rangle$又称**计算基态**（Nielsen et al，2010）。如语境中清楚时，可简称**基态**。有了这样一组规范正交基之后，一切将会变得明朗起来。在这组基下，系统的状态可表示为基态的叠加：

$$|\psi\rangle = \sum_{i=0}^{N-1} c_i|a_i\rangle。$$

这个表达式可称为$|\psi\rangle$的**基态叠加式**。其中，幅值c_i还可以具体地由A和$|\psi\rangle$给出：

$$\langle a_i|\psi\rangle = \sum_{j=0}^{N-1} \langle\, |a_i\rangle, c_j|a_j\rangle\rangle$$

$$= \sum_{j=0}^{N-1} c_j\langle a_i|a_j\rangle = \sum_{j=0}^{N-1} c_j\delta_{ij} = c_i。$$

故有时也将基态叠加式直接写为

$$|\psi\rangle = \sum_{i=0}^{N-1} \langle a_i|\psi\rangle|a_i\rangle。$$

可见，一个观测量A以规范正交基的形式为被观测的系统状态提供了一个观测框架，一个“坐标系”。现在以此坐标系为基准，“观测”一下系统的状态$|\psi\rangle$，具体就是看看状态的这个函数$|\phi\rangle = A|\psi\rangle$在这个坐标系下是什么样子：

$$|\phi\rangle = A|\psi\rangle$$

$$= \sum_{i=0}^{N-1} c_iA|a_i\rangle$$

$$= \sum_{i=0}^{N-1} c_i \lambda_i |a_i\rangle。$$

到了这里，往下会发生什么呢？量子系统的本性是，真正物理上的测量，其结果将为：系统状态$|\psi\rangle$随机坍缩到A的一个特征向量，即基态$|a_i\rangle$，同时得到对应的某个物理量（不妨就以ϕ记之）的测量值，这个值就是$|a_i\rangle$对应的特征值λ_i；而得到$|a_i\rangle$和λ_i的概率由$c_i = \langle a_i|\psi\rangle$决定，具体就是：

$$\Pr(|\psi\rangle = |a_i\rangle) = \Pr(\phi = \lambda_i) = |c_i|^2 = |\langle a_i|\psi\rangle|^2 \quad (i = 0,1,\ldots,N-1)。$$

这里物理量ϕ的测量值是一个具体的实数，代表具体的物理量（如位置、动量等）的测量结果。注意，A的特征值都是实数。

这就是波恩定则。这个定则清晰地表明了系统状态$|\psi\rangle$和物理量ϕ的随机性，并且在给定可观测量A提供的坐标系之下，具有确定的概率分布：

$\|\psi\rangle$:	$\|a_0\rangle$	$\|a_1\rangle$	…	$\|a_{N-1}\rangle$
ϕ:	λ_0	λ_1	…	λ_{N-1}
Pr:	$\|c_0\|^2$	$\|c_1\|^2$	…	$\|c_{N-1}\|^2$

其中

$$\langle\psi|\psi\rangle = \sum_{i=0}^{N-1} |c_i|^2 = 1$$

为概率分布自然需要满足的归一化要求，这也解释了为什么系统状态必须是单位向量。

有了这个明确的概率分布之后，物理量ϕ这个随机量的期望值$\mathrm{E}\phi$就可以求得。由于

$$A|\psi\rangle = \sum_{i=0}^{N-1} c_i \lambda_i |a_i\rangle，$$

所以

$$\langle\psi|A|\psi\rangle = \sum_{i=0}^{N-1} |c_i|^2 \lambda_i$$

$$= \sum_{i=0}^{N-1} \Pr(\phi = \lambda_i)\, \lambda_i = \mathrm{E}\phi。$$

这正是狄拉克-冯·诺依曼公理集中的第三条。

现在总结要点如下：

①系统状态$|\psi\rangle$这个随机量的值域是可观测量A的特征向量集$\{|a_0\rangle, |a_1\rangle, \dots, |a_{N-1}\rangle\}$，这也是状态空间的规范正交基；而物理量$\phi$这个随机量的值域是对应的$A$的特征值集$\{\lambda_0, \lambda_1, \dots, \lambda_{N-1}\}$。

②这两个随机量的分布相同，都具有同样的概率质量$\{|c_0|^2, |c_1|^2, \dots, |c_{N-1}|^2\}$。

③对系统进行测量就是对此概率分布进行一次随机试验。试验结果就是系统状态$|\psi\rangle$必为样本空间$\{|a_0\rangle, |a_1\rangle, \dots, |a_{N-1}\rangle\}$的元素之一，而物理量$\phi$是样本空间$\{\lambda_0, \lambda_1, \dots, \lambda_{N-1}\}$的元素之一。测量之后，系统状态坍缩到某个基态，并无再次测量先前状态的机会，除非重新制备，这一点与一般随机变量可立即重复试验有所不同。

④量子系统的一个可观测量，其根本作用是为系统测量提供了一个规范正交基作为“坐标系”，使得测量结果，尽管是随机的，但有了一个明确的概率分布。换一个可观测量，就是换一个“坐标系”，虽然概率分布不同了，但彼此是等价的，不改变量子系统及其测量的本质。

⑤至此，就抽象地理解量子计算的这个需求而言，反倒可以忘掉可观测量，同时也忘掉具体的物理量，只需聚焦量子系统的状态本身，心中清楚状态空间具有规范正交基，状态可在该基下明确表示出来；一旦测量，状态就按照确定的概率分布坍缩到一个基态。

1.1.3　量子状态演化与量子计算

现在聚焦量子系统的状态本身。设系统的状态空间为N-维复希尔伯特空间H，系统的状态为$|\psi\rangle \in H$，可不管可观测量具体是什么，总之有一组规范正交基$\{\,|x\rangle \mid x = 0,1,\dots,N-1\}$。注意，这里开始采用了更简洁的记法，后面将专门讲述。状态的基态叠加式为

$$|\psi\rangle = \sum_{x=0}^{N-1} c_x |x\rangle\text{。}$$

其中，$|\psi\rangle$是满足归一化条件的单位向量。既然$|\psi\rangle$是单位向量，则对任意相位因子$\mathrm{e}^{\mathrm{i}\theta}$，称为总相位因子，$\mathrm{e}^{\mathrm{i}\theta}|\psi\rangle$也是单位向量，表示同一个状态。与总相位因子不同，一个状态叠加式，如

$$\sum_k \mathrm{e}^{\mathrm{i}\theta_k}|\psi_k\rangle$$

内部的相位因子$\mathrm{e}^{\mathrm{i}\theta_k}$，如果无法提到求和式之外，则称为相对相位因子。总相位因子总是可以忽略的，因为代表的是同一状态；而相对相位因子则是不可忽略的，因为一个状态如果改变了其相对相位因子，就成了不同的状态。例如，$\frac{1}{\sqrt{2}}(|0\rangle+|1\rangle)$与$\frac{1}{\sqrt{2}}\left(|0\rangle+\mathrm{e}^{\mathrm{i}\pi}|1\rangle\right)=\frac{1}{\sqrt{2}}(|0\rangle-|1\rangle)$就是两个不同的状态。

量子系统的状态演化规律是什么？答案是，状态演化是由酉算子确定的。酉算子就是不改变内积的算子，即一个酉算子U满足，对任意的$|\psi\rangle,|\phi\rangle$

$$\langle U|\psi\rangle, U|\phi\rangle\rangle=\langle|\psi\rangle,|\phi\rangle\rangle。$$

酉算子对应的变换矩阵是酉矩阵，即满足$U^{\dagger}U=I$的矩阵。因此，系统的状态演化就是一系列酉算子U_k的作用：

$$|\psi_{k+1}\rangle=U_k|\psi_k\rangle。$$

量子计算的实质，就是量子系统状态的演化过程，也就是一系列的酉变换。量子算法的设计就是精心构造这些酉算子，使得称为量子寄存器的量子系统，其状态一步步演化，最终达到需要的状态。而所谓需要的状态，粗略地说，就是对应正确输出的基态，其概率幅决定的概率要充分大；换言之，就是使得系统状态一旦测量，将以充分大的概率坍缩到对应正确输出的基态。这也意味着，量子计算是概率性的而非确定性的，除了十分特殊的情况外。

这显示了量子计算与传统计算、量子算法与传统算法的根本差异。传统计算中，算法的形态与它所解决的计算问题不会相差太远；而量子计算中，一切计算问题的算法都必须由一系列酉算子体现，因此，量子算法与它所解决的计算问题可能显得相去甚远。这就是为什么要找到一个有价值的量子算法，其难度也比传统算法更大。同时，量子计算普遍的概率性，也使之与

传统计算的差异更突出。

酉算子在量子计算中具有根本的作用。正因为如此，酉算子和酉矩阵必将在后续多个小节中予以详述。

1.1.4　复合量子系统的状态

通用量子计算机必定是由系列标准部件构成的。它由一些简单的标准部件，构成复杂的计算系统。因此，我们关心若干量子系统构成一个更大的量子系统是什么情形。具体而言，在量子计算中，一个n-量子比特系统是由n个单量子比特系统构成的复合系统。**量子比特**也译**量子位元**，简称**量子位**。但是，量子比特与传统计算领域的比特截然不同。

一个传统比特就代表一个值域为{0,1}的布尔变量，而一个量子比特则是 2-维复希尔伯特空间中的向量，它代表一个双态量子系统的状态。双态量子系统就是只有两个特征态的量子系统，这两个特征态构成其状态空间的规范正交基，两个基向量即基态，通常记为$|0\rangle$和$|1\rangle$。因此，单个量子比特的状态可表示为两个基态的叠加。其一般形式为

$$|\psi\rangle = c_0|0\rangle + c_1|1\rangle \ \ (|c_0|^2 + |c_1|^2 = 1)。$$

这是最简单的量子系统。有比它更简单的吗，如“单态量子系统”，其状态为$|\psi\rangle = c_0|0\rangle \ (|c_0|^2 = 1)$，即$|\psi\rangle = \mathrm{e}^{\mathrm{i}\theta}|0\rangle$？这样的系统，每次测量必然都以概率$|\mathrm{e}^{\mathrm{i}\theta}|^2 \equiv 1$坍缩到唯一可能的状态$|0\rangle$，完全没有量子态的随机性，也就是完全没有任何“量子性”，它根本就是一个经典系统。不存在这样的“单态量子系统”。

因此，通用量子计算机可由若干最简的单量子比特系统复合而成。由n个单量子比特构成一个大小为n的量子比特系统，可称为n-量子比特或量子位寄存器。现在需要回答的是，一个n-量子位寄存器的状态表达式是怎样的，它的状态空间是怎样的？

答案是张量积。任何复合量子系统的状态是其构成系统的张量积，复合系统的状态空间是其构成系统状态空间的张量积。由若干量子位构成**量子寄存器**也是如此。

设$\mathcal{H}_2$是单量子位的状态空间，是一个 2-维复希尔伯特空间，而

$$|\psi_i\rangle = c_{i0}|0\rangle + c_{i1}|1\rangle \in \mathcal{H}_2$$

是第i个量子位状态（$i = 1,2,\dots,n$），那么，由它们组成的n-量子位寄存器的状态为

$$\begin{aligned}|\psi\rangle &= |\psi_1\rangle \otimes |\psi_2\rangle \otimes \cdots \otimes |\psi_n\rangle \\ &= \sum_{x=0}^{N-1} c_x|x\rangle,\end{aligned}$$

其中，$N = 2^n$是n-量子位寄存器状态空间$\mathcal{H}_2^{\otimes n} = \mathcal{H}_2 \otimes \mathcal{H}_2 \otimes \cdots \otimes \mathcal{H}_2$的维度。张量积的特点决定了空间维度以乘积“扩张”，故

$$\dim \mathcal{H}_2^{\otimes n} = \dim \mathcal{H}_2 \times \dim \mathcal{H}_2 \times \cdots \times \dim \mathcal{H}_2 = (\dim \mathcal{H}_2)^n = 2^n。$$

由张量积的性质，还知$\||\psi_1\rangle \otimes |\psi_2\rangle \otimes \cdots \otimes |\psi_n\rangle\| = \||\psi_1\rangle\|\||\psi_2\rangle\| \cdots \||\psi_n\rangle\| = 1$，只要每个$\||\psi_i\rangle\| = 1$。可见，复合系统的归一化条件自动满足。

张量积在量子计算系统构造中同酉算子一样具有特别重要的作用。因此，它也必然还有机会在多个后续章节中反复出现。

1.2 有限维复希尔伯特空间

对于面向典型通用量子计算机的量子算法而言，有限维复希尔伯特空间就足够了，并且很方便。换言之，为了理解这类量子算法，应把目光从一般希尔伯特空间聚焦到有限维复希尔伯特空间，重点加深对它的认识。限定在有限维和复数域之后，所需量子系统状态空间的结构特征就十分明朗化了，完全可以随时采用非常具体的有限维复坐标空间来代表或表示。而有了这种表示，契合坐标向量的矩阵工具就显得特别便利。

1.2.1 n-维复坐标空间

一般，域F的笛卡尔积F^n构成在F本身上的n-维向量空间，称为***n*-维坐标空间**。最常见的是F为实数域和复数域的情况，即$\mathbb{R}^n$和$\mathbb{C}^n$，前者称n-维实

坐标空间，也即n-维欧几里得空间；而后者称**n-维复坐标空间**。在量子计算领域，n-维复坐标空间$\mathbb{C}^n$是重点关注的对象。

在$\mathbb{C}^n$中，向量加法和标量乘法都采用典则定义。所谓“典则的”，是指自然的、标准的。一般而言，若无特殊需要，默认都是采用典则做法。

向量空间$\mathbb{C}^n$中有不可数个基。其中，最常用的是**标准基**

$$\{\boldsymbol{e}_1, \boldsymbol{e}_2, \dots, \boldsymbol{e}_n\} = \left\{ \begin{bmatrix} 1 \\ 0 \\ \vdots \\ 0 \end{bmatrix}, \begin{bmatrix} 0 \\ 1 \\ \vdots \\ 0 \end{bmatrix}, \dots, \begin{bmatrix} 0 \\ 0 \\ \vdots \\ 1 \end{bmatrix} \right\}。$$

注意，别把标准基与**规范正交基**相混淆。前者是特指，仅这一个；后者却正如一般的基有不可数个一样，也有不可数个。规范正交基要在有了内积之后才能定义。在典则内积下，标准基自然也是一个规范正交基。

在$\mathbb{C}^n$中的典则内积就是仅采用向量的分量构造而不采用附加正定矩阵等方式。值得注意的是，即便采用典则做法，$\mathbb{C}^n$中的内积定义也有两种可能。设$\boldsymbol{u}, \boldsymbol{v} \in \mathbb{C}^n$，两个向量的内积可采用以下两种定义之一：

$$\langle \boldsymbol{u}, \boldsymbol{v} \rangle_1 \overset{\text{def}}{=} \sum_{i=1}^{n} u_i \overline{v_i} = \boldsymbol{v}^\dagger \boldsymbol{u},$$

$$\langle \boldsymbol{u}, \boldsymbol{v} \rangle_2 \overset{\text{def}}{=} \sum_{i=1}^{n} \overline{u_i} v_i = \boldsymbol{u}^\dagger \boldsymbol{v}。$$

其中，†是量子力学中表示共轭转置的符号。$\langle \boldsymbol{u}, \boldsymbol{v} \rangle_1 = \boldsymbol{v}^\dagger \boldsymbol{u}$是数学中采用的内积典则定义，而$\langle \boldsymbol{u}, \boldsymbol{v} \rangle_2 = \boldsymbol{u}^\dagger \boldsymbol{v}$则是量子力学中采用的定义。按照数学中的定义，内积对第一个变量线性、对第二个变量反线性，故

$$\langle a\boldsymbol{u}, b\boldsymbol{v} \rangle_1 = a\bar{b} \langle \boldsymbol{u}, \boldsymbol{v} \rangle_1;$$

相反，按照量子力学中的定义，内积对第一个变量反线性、对第二个变量线性，故

$$\langle a\boldsymbol{u}, b\boldsymbol{v} \rangle_2 = \bar{a} b \langle \boldsymbol{u}, \boldsymbol{v} \rangle_2。$$

两个定义不同的影响仅在于此。复域上的一个函数f**反线性**也称**共轭线性**，是指

$$f(x+y) = f(x) + f(y)，f(ax) = \bar{a} f(x)。$$

典则内积的数学定义和量子力学定义仅相差一个共轭，即$\langle \boldsymbol{u},\boldsymbol{v}\rangle_1 = \overline{\langle \boldsymbol{u},\boldsymbol{v}\rangle_2}$，没有本质的不同。

为什么量子力学中内积不采用与数学一致的定义？类似的局面有时可能是由初期的不同选择造成的，并无孰优孰劣之分，正如计算机的字节顺序问题，选择高位字节在前还是低位字节在前，在该领域从未统一。不过，量子力学的内积定义还不完全属于这种情况，因为它起码有一个好处，就是与矩阵乘积更加兼容，体现在内积中两个变量的顺序与用矩阵乘法表示的顺序是相同的，而数学中的内积定义则正相反，这一点从两者的定义式本身就能看出。本书中，一律采用量子力学的内积定义。

在 $\mathbb{C}^n$ 中，任何一组由 n 个正交的单位向量构成的集合 $\{\boldsymbol{a}_1,\boldsymbol{a}_2,\dots,\boldsymbol{a}_n\}$ $\left(\langle \boldsymbol{a}_i,\boldsymbol{a}_j\rangle = \delta_{ij}, i,j = 1,2,\dots,n\right)$，就是这个向量空间的一组规范正交基。其中，$\delta_{ij}$是克罗内克函数：

$$\delta_{xy} \stackrel{\text{def}}{=} \begin{cases} 1 & 若 x = y \\ 0 & 若 x \neq y \end{cases}。 \tag{1.1}$$

值得说明的是，这个函数的自变量x和y虽然常为整数，但完全不必受此限制，从而可用于任何相等或等价关系是有意义的场合，并且表示方式也可更加丰富，如$\delta_{(\neg x)(1\oplus x)} = 1$因为$\neg x \equiv 1 \oplus x$。克罗内克函数在量子计算中用得很多。

有了内积之后，n-维复坐标空间$\mathbb{C}^n$自然就是一个完备的内积空间，因为有限维和复数域的完备性保证了这一点。因此，$\mathbb{C}^n$就是一个**n-维复希尔伯特空间**，而且它是一个最简明的、也是最基本的有限维复希尔伯特空间。之后将看到它的重要作用在于，一般有限维复希尔伯特空间都可用它代表或表示，从而带来巨大便利。

1.2.2 n-维复希尔伯特空间

一般的向量空间也称线性空间，当然要比上述n-维复坐标空间$\mathbb{C}^n$的外延大得多。存在各种不同的向量空间。一种向量空间中的向量与另一种向量空间中的向量，可能有着实质上的不同。例如，3-维欧几里得空间$\mathbb{R}^3$中的向量就是表示空间位置的 3 个实数，一个函数空间中的向量则是一个函数，而量子状态空间中的向量就是量子系统的状态，如一个电子的自旋状态。由于实质内容的千差万别，一般向量空间的统一定义是由一组公理给出的，去掉不同的具体内容，保留共同的形式本质。

尽管向量的实质可能千差万别，各种向量空间有一个共同基础，就是基的存在；并且在装备内积之后，自然就有了规范正交基。

而规范正交基，正是使得各种有限维复希尔伯特空间，特别包括量子计算所需的量子系统状态空间，能够与简明的n-维复坐标空间$\mathbb{C}^n$建立同构并以之表示的桥梁。

（1）规范正交基下的表示

让我们先讨论一般向量空间中向量表达的一个基本问题。如果看到

$$1+3x+15x^2=\begin{bmatrix}6\sqrt{2}\\ \sqrt{6}\\ 2\sqrt{10}\end{bmatrix}$$

这样的表达式，是否觉得怪异？因为左边是一个二次多项式，而右边则是一个3-维实坐标空间中的列向量，这两者是无法画等号的，否则进一步的任何操作，如两端取平方，就更不知道该是什么样的结果了。确实，这样的表达式在数学上本是行不通的。正因为如此，把量子比特状态向量写成坐标空间中的向量，如$|0\rangle=\begin{bmatrix}1\\0\end{bmatrix}$和$|1\rangle=\begin{bmatrix}0\\1\end{bmatrix}$，严格说是有问题的。

但是，至少是在相应语境作用之下，这些表达式却并不会出问题。其原因是所论向量空间与相应坐标空间有着典则的同构关系，因而就可以由相应坐标空间表示。存在这种同构关系的基础就在于每个向量空间都存在基，并且在典则内积之下，就有规范正交基，使得任何一个向量都能由规范正交基表达。有了向量的规范正交基表达式，不仅向量加法和标量乘法可与坐标空间一一对应，而且内积还能保持不变。

下面举例说明。

考虑这样一个函数空间

$$\mathcal{F}=\{f:[-1,1]\to\mathbb{R}\mid f(x)=a+bx+cx^2\ \ (a,b,c\in\mathbb{R})\},$$

其向量加法、标量乘法和内积分别定义为

$$\forall f,g \in \mathcal{F},$$
$$(f+g)(x) = f(x) + g(x),$$
$$(\alpha f)(x) = \alpha f(x);$$
$$\langle f,g\rangle = \int_{-1}^{1} f(x)g(x)\mathrm{d}x。$$

设$p_0(x) = \frac{\sqrt{2}}{2}$，$p_1(x) = \frac{\sqrt{6}}{2}x$，$p_2(x) = \frac{\sqrt{10}}{4}(3x^2-1)$，则$\{p_0, p_1, p_2\}$是$\mathcal{F}$的一组规范正交基，即$\langle p_i, p_j\rangle = \delta_{ij}$。这是因为事实上，$p_0(x)$，$p_1(x)$，$p_2(x)$是归一化的勒让德函数。因此，对$\mathcal{F}$中的任何两个函数$f$和$g$都有表达式

$$f(x) = a_0p_0(x) + a_1p_1(x) + a_2p_2(x),$$
$$g(x) = b_0p_0(x) + b_1p_1(x) + b_2p_2(x)。$$

定义f和g的“坐标向量”如下，记为$[f]$和$[g]$：

$$[f] \stackrel{\text{def}}{=} \begin{bmatrix} a_0 \\ a_1 \\ a_2 \end{bmatrix} \in \mathbb{R}^3,\ [g] \stackrel{\text{def}}{=} \begin{bmatrix} b_0 \\ b_1 \\ b_2 \end{bmatrix} \in \mathbb{R}^3。$$

那么，显然f和g的向量加法、标量乘法都可用相应坐标向量$[f]$和$[g]$的向量加法和标量乘法表示；而f和g的内积为

$$\begin{aligned}\langle f,g\rangle &= \left\langle \sum_{i=0}^{2} a_ip_i, \sum_{j=0}^{2} b_jp_j \right\rangle \\ &= \sum_{i,j=0}^{2} \langle a_ip_i, b_jp_j\rangle = \sum_{i,j=0}^{2} \overline{a_i}b_j\langle p_i, p_j\rangle \\ &= \sum_{i,j=0}^{2} \overline{a_i}b_j\delta_{ij} = \sum_{i=0}^{2} \overline{a_i}b_i = [f]^{\mathrm{T}}[g] = \langle [f],[g]\rangle,\end{aligned}$$

两边完全相等。这就是函数空间$\mathcal{F}$在规范正交基下与坐标空间$\mathbb{R}^3$同构的情况。正因为有这样的同构，所以$\mathcal{F}$中的任一向量f，即一个二次多项式，就可完全用它在$\mathbb{R}^3$中的坐标向量$[f]$代表或称表示，所以尽管f和$[f]$的实质是不同的，但仍会见到$f = [f]$这样的写法。例如，由于$1 + 3x + 15x^2 = 6\sqrt{2}p_0(x) + \sqrt{6}p_1(x) + 2\sqrt{10}p_2(x)$，故才写出

$$1 + 3x + 15x^2 = \begin{bmatrix} 6\sqrt{2} \\ \sqrt{6} \\ 2\sqrt{10} \end{bmatrix}$$

这样的式子来。把一个量子比特的两个特征态分别写成$|0\rangle = \begin{bmatrix} 1 \\ 0 \end{bmatrix}$和$|1\rangle = \begin{bmatrix} 0 \\ 1 \end{bmatrix}$，也是基于同样的道理。

上例中展示的基本做法完全适用于一般n-维复希尔伯特空间与n-维复坐标空间两者同构的建立。

（2）同构的建立

设H是n-维复希尔伯特空间，其一组规范正交基是$B = \{\boldsymbol{a}_1, \boldsymbol{a}_2, \ldots, \boldsymbol{a}_n\}$，那么$\forall \boldsymbol{v} \in H$，存在$B$的唯一线性组合使得

$$\boldsymbol{v} = \sum_{i=1}^{n} v_i \boldsymbol{a}_i \in H。 \tag{1.2}$$

基于$\boldsymbol{v}$的这个基线性组合表达式，定义

$$[\boldsymbol{v}]_B \stackrel{\text{def}}{=} \begin{bmatrix} v_1 \\ v_2 \\ \vdots \\ v_n \end{bmatrix} \in \mathbb{C}^n。 \tag{1.3}$$

其中，$[\boldsymbol{v}]_B$称为$\boldsymbol{v}$在基B下的**坐标向量**，而(v_i)则称为$\boldsymbol{v}$的**坐标**，v_i称第i个坐标。我们**约定**，在规范正交基下或在语境中清楚的情况下，坐标向量$[\boldsymbol{v}]_B$可省略下标写成$[\boldsymbol{v}]$。

这样，H和$\mathbb{C}^n$的向量以及向量加法和标量乘法，显然已经有了一一对应关系。

再看内积。对任意两个向量$\boldsymbol{u}, \boldsymbol{v} \in H$，有

$$\begin{aligned} \langle \boldsymbol{u}, \boldsymbol{v} \rangle &= \left\langle \sum_{i=1}^{n} u_i \boldsymbol{a}_i, \sum_{j=1}^{n} v_j \boldsymbol{a}_j \right\rangle \\ &= \sum_{i=1}^{n} \sum_{j=1}^{n} \bar{u}_i v_j \langle \boldsymbol{a}_i, \boldsymbol{a}_j \rangle \\ &= \sum_{i=1}^{n} \sum_{j=1}^{n} \bar{u}_i v_j \delta_{ij} = \sum_{i=1}^{n} \bar{u}_i v_i \end{aligned}$$

$$= [\boldsymbol{u}]^\dagger[\boldsymbol{v}] = \langle[\boldsymbol{u}],[\boldsymbol{v}]\rangle。\tag{1.4}$$

这表明，在规范正交基下，向量的内积与坐标向量的内积相等——还不仅仅是对应。

有了这些表达，n-维复希尔伯特空间H与$\mathbb{C}^n$就已经建立了同构关系，包括向量、向量加法、标量乘法、内积都有了一一对应或者相等的关系。此外，两个空间中的线性变换也会有一一对应的关系。线性变换在量子计算中具有重要地位，将在下一节中专门讨论。

由于n-维复希尔伯特空间H与$\mathbb{C}^n$同构的基础性作用需要清晰把握，现将两者对应关系的详情总结在表 1.1 中。

表 1.1　n-维复希尔伯特空间H与$\mathbb{C}^n$的同构

要素	n-维复希尔伯特空间H	同构$H \cong \mathbb{C}^n$	复坐标空间$\mathbb{C}^n$
规范正交基	$\{\boldsymbol{a}_1,\boldsymbol{a}_2,\dots,\boldsymbol{a}_n\}$ $(\langle\boldsymbol{a}_i,\boldsymbol{a}_j\rangle=\delta_{ij})$ $\boldsymbol{a}_i = 0\boldsymbol{a}_1+\cdots+1\boldsymbol{a}_i+\cdots+0\boldsymbol{a}_n$	$\boldsymbol{a}_i \leftrightarrow [\boldsymbol{a}_i] = \boldsymbol{e}_i$	$\{\boldsymbol{e}_1,\boldsymbol{e}_2,\dots,\boldsymbol{e}_n\}$ $=\left\{\begin{bmatrix}1\\0\\\vdots\\0\end{bmatrix},\begin{bmatrix}0\\1\\\vdots\\0\end{bmatrix},\dots,\begin{bmatrix}0\\0\\\vdots\\1\end{bmatrix}\right\}$
向量	$\boldsymbol{u}=u_1\boldsymbol{a}_1+u_2\boldsymbol{a}_2+\cdots+u_n\boldsymbol{a}_n$ $\boldsymbol{v}=v_1\boldsymbol{a}_1+v_2\boldsymbol{a}_2+\cdots+v_n\boldsymbol{a}_n$	$\boldsymbol{u}\leftrightarrow[\boldsymbol{u}]$ $\boldsymbol{v}\leftrightarrow[\boldsymbol{v}]$	$[\boldsymbol{u}]=\begin{bmatrix}u_1\\u_2\\\vdots\\u_n\end{bmatrix},[\boldsymbol{v}]=\begin{bmatrix}v_1\\v_2\\\vdots\\v_n\end{bmatrix}$
向量加法	$+: H\times H\to H$	$\boldsymbol{u}+\boldsymbol{v}\leftrightarrow[\boldsymbol{u}+\boldsymbol{v}]$	$+: \mathbb{C}^n\times\mathbb{C}^n\to\mathbb{C}^n$
标量乘法	$\cdot: \mathbb{C}\times H\to H$	$\alpha\boldsymbol{u}\leftrightarrow[\alpha\boldsymbol{u}]$	$\cdot: \mathbb{C}\times\mathbb{C}^n\to\mathbb{C}^n$
内积	$\langle\cdot,\cdot\rangle: H\times H\to\mathbb{C}$ $\langle\boldsymbol{u},\boldsymbol{v}\rangle$	$\langle\boldsymbol{u},\boldsymbol{v}\rangle=\langle[\boldsymbol{u}],[\boldsymbol{v}]\rangle$	$\langle\cdot,\cdot\rangle: \mathbb{C}^n\times\mathbb{C}^n\to\mathbb{C}$ $\langle[\boldsymbol{u}],[\boldsymbol{v}]\rangle=[\boldsymbol{u}]^\dagger[\boldsymbol{v}]$
线性变换	$T: H\to H$	$T\leftrightarrow[T]$	$[T]\in\mathbb{C}^{n\times n}$

表 1.1 中，$[T]$表示线性变换T的变换矩阵，将在下一节中详述。表 1.1 中展示了各要素的同构对应。其中，值得注意的是，在规范正交基下，内积不仅是对应，而且是相等。有了$H \cong \mathbb{C}^n$这个同构关系，n-维复希尔伯特空间H可以完全由复坐标空间$\mathbb{C}^n$表示，在H中所做的一切，都可通过在$\mathbb{C}^n$中做对应的事情实现。正因为如此，若在语境下不会引起问题，就可按需自由地将H与$\mathbb{C}^n$视为等同，将H中的要素与$\mathbb{C}^n$中的对应要素视为等同，有时连符号上都不加以区别。例如，尽管向量$\boldsymbol{v} \in H$与它的坐标向量$[\boldsymbol{v}] \in \mathbb{C}^n$实质不同，但由于同构关系，在只要不引起问题的场合，都可放心地将$\boldsymbol{v}$与$[\boldsymbol{v}]$视为等同，甚至符号上$\boldsymbol{v}$和$[\boldsymbol{v}]$混用。这就带来了极大的便利。

1.2.3　狄拉克符号

量子力学中采用狄拉克符号表示向量空间中的向量，它有什么好处稍后将予以解释。

狄拉克符号用$|\cdot\rangle$和$\langle\cdot|$表示向量，前者称为“右矢”，后者称为“左矢”，并用$\langle\cdot|\cdot\rangle$表示内积，用$|\cdot\rangle\langle\cdot|$表示外积。

首先，“右矢”和“左矢”什么关系是基本的事情。设V是一个向量空间，它的一个向量是$|A\rangle$，可称右矢A；而它对应另一个向量$\langle A|$，可称左矢A。这个$\langle A|$就是$|A\rangle$在V的对偶空间V^*中的对应向量，有时称$|A\rangle$的余向量。

两个右矢$|A\rangle$和$|B\rangle$的内积表示为$\langle A|B\rangle$，外积表示则为$|A\rangle\langle B|$。

这些定义与线性函数、对偶空间，以及矩阵运算等相关的数学对象都是兼容的。

这些描述相对严格，但不够明朗。让我们进一步在有限维复希尔伯特空间下讨论，使得一切明朗化。

设H是N-维复希尔伯特空间，与$\mathbb{C}^N$同构，因而H中的向量可直接用$\mathbb{C}^N$中的向量表示，并且必要时根本不加区分。按照狄拉克符号的规定，右矢$|\psi\rangle \in H$表示一个列向量

$$|\psi\rangle = \begin{bmatrix} c_0 \\ c_1 \\ \vdots \\ c_{N-1} \end{bmatrix},$$

而左矢$\langle\psi|$定义为右矢$|\psi\rangle$的共轭转置，即

$$\langle\psi| \stackrel{\text{def}}{=} |\psi\rangle^\dagger = [\overline{c_0}\ \ \overline{c_1} \cdots \ \ \overline{c_{N-1}}]。$$

由此，两个右矢$|\phi\rangle$和$|\psi\rangle$的内积就是

$$\langle|\phi\rangle, |\psi\rangle\rangle = |\phi\rangle^\dagger|\psi\rangle = \langle\phi||\psi\rangle \stackrel{\text{def}}{=} \langle\phi|\psi\rangle,$$

这当中有一个自然的简记步骤，即把$\langle\phi||\psi\rangle$简记为$\langle\phi|\psi\rangle$。量子力学中，有许多简化记法都卓有成效，在 1.4.3 小节中还将有专门阐述。由内积的记法，$|\psi\rangle$的范数自然就是

$$\||\psi\rangle\| = \sqrt{\langle\psi|\psi\rangle}。$$

两个向量$|\phi\rangle$和$|\psi\rangle$的外积当然就为

$$|\phi\rangle\langle\psi|,$$

外积无法简记了。

如果S和T是H上的线性变换，那么，对右矢的变换应写成$T|\psi\rangle$，而对左矢的变换应写成$\langle\phi|T$，相应的内积则为

$$\langle|\phi\rangle, T|\psi\rangle\rangle = |\phi\rangle^\dagger T|\psi\rangle = \langle\phi|T|\psi\rangle,$$

而

$$\langle T|\phi\rangle, |\psi\rangle\rangle = (T|\phi\rangle)^\dagger|\psi\rangle = \langle\phi|T^\dagger|\psi\rangle,$$

还有

$$\langle S|\phi\rangle, T|\psi\rangle\rangle = (S|\phi\rangle)^\dagger T|\psi\rangle = \langle\phi|S^\dagger T|\psi\rangle。$$

注意其中共轭转置出现的规律。基本上需要留心的就是这些了。

狄拉克符号有什么好处？相比常规采用粗体表示向量，狄拉克符号用了一对很形象的边界符表示向量，边界符内可灵活地放入各种内容，甚至可以是丰富的表达式，这就非常强大了，传统粗体方式根本做不到。例如，$|\psi\rangle, |0\rangle, |1\rangle, |+\rangle, |-\rangle, |\uparrow\rangle, |\downarrow\rangle, |\nearrow\rangle, |\searrow\rangle$，还有$|01\rangle, |10\rangle, |011\rangle, |\uparrow\downarrow\rangle, |\downarrow\uparrow\rangle, |\uparrow\downarrow\downarrow\rangle$，以及$|i\rangle, |x\rangle, |1 \oplus x\rangle, |x \wedge y \oplus z\rangle$等。这种丰富的表达力是必要的，尤其像$|x\rangle, |1 \oplus x\rangle, |x \wedge y \oplus z\rangle$这类表达式，在量子算法的分析推导中扮演了重要的角色，不可或缺。

1.3　线性变换与变换矩阵

量子系统是线性系统，由此决定了量子系统多方面的特点，包括量子状态可线性叠加，状态演化由一种线性变换施行，系统的可观测量由线性算子代表，还有量子状态不可复制等性质。因此，线性变换以及在有限维向量空间中表示它的变换矩阵，在量子计算中具有根本性的作用。

1.3.1　一般线性映射

一般情况，设有同一域F上的两个向量空间V和W，则从V到W的**线性映射**或称**线性变换**$L: V \to W$，就是一个满足线性性的函数，即$\forall \boldsymbol{u}, \boldsymbol{v} \in V$ $\forall a, b \in F$，

$$L(a\boldsymbol{u} + b\boldsymbol{v}) = aL(\boldsymbol{u}) + bL(\boldsymbol{v})。$$

线性映射的**值域**为

$$\operatorname{rng}(L) = \{ L(\boldsymbol{v}) \in W \mid \boldsymbol{v} \in V \}。$$

对于有限维向量空间，线性变换可用矩阵表示，称为**变换矩阵**。设$\dim V = n$，$\dim W = m$，则线性变换$L: V \to W$的变换矩阵记为

$$[L] \in F^{m \times n}。$$

当给定了V和W的基之后，变换矩阵$[L]$就可以明确给出。设V的一组基为$B = \{\boldsymbol{b}_1, \boldsymbol{b}_2, \dots, \boldsymbol{b}_n\}$，$W$的一组基为$B' = \{\boldsymbol{b}'_1, \boldsymbol{b}'_2, \dots, \boldsymbol{b}'_m\}$，则

$$\begin{aligned} L(\boldsymbol{b}_1) &= l_{11}\boldsymbol{b}'_1 + l_{12}\boldsymbol{b}'_2 + \cdots + l_{1m}\boldsymbol{b}'_m \\ L(\boldsymbol{b}_2) &= l_{21}\boldsymbol{b}'_1 + l_{22}\boldsymbol{b}'_2 + \cdots + l_{2m}\boldsymbol{b}'_m \\ &\vdots \\ L(\boldsymbol{b}_n) &= l_{n1}\boldsymbol{b}'_1 + l_{n2}\boldsymbol{b}'_2 + \cdots + l_{nm}\boldsymbol{b}'_m \end{aligned}, \tag{1.5}$$

由此可得

$$[L] = \left(l_{ij}\right)^{\mathrm{T}} = \begin{bmatrix} l_{11} & l_{21} & \cdots & l_{n1} \\ l_{12} & l_{22} & \cdots & l_{n2} \\ \vdots & \vdots & \ddots & \vdots \\ l_{1m} & l_{2m} & \cdots & l_{nm} \end{bmatrix} \in F^{m \times n}。\tag{1.6}$$

可见，V中第i个基向量变换后得到的W基下的坐标向量，就是变换矩阵的第i个列向量，这样就可依次按$i = 1,2,\dots,n$写出$[L]$的每一列。有了变换矩阵后，对变换L定义域V中的任一向量$\boldsymbol{v} = \sum_{i=1}^{n} v_i \boldsymbol{b}_i \in V$，有

$$\begin{aligned} L(\boldsymbol{v}) &= \sum_{i=1}^{n} v_i L(\boldsymbol{b}_i) \\ &= \sum_{i=1}^{n} v_i \sum_{j=1}^{m} l_{ij} \boldsymbol{b}'_j \\ &= \sum_{j=1}^{m} \left(\sum_{i=1}^{n} l_{ij} v_i \right) \boldsymbol{b}'_j \in W, \end{aligned}$$

采用坐标向量表示就是

$$[L(\boldsymbol{v})]_{B'} = [L][\boldsymbol{v}]_B。$$

这是严格的写法，但显得累赘。我们约定了若在规范正交基下，则可省略下标写成

$$[L(\boldsymbol{v})] = [L][\boldsymbol{v}]。$$

进一步，由于各向量空间与各自坐标空间的同构关系，常常在符号上不去区分$\boldsymbol{v}$和$[\boldsymbol{v}]$、L和$[L]$，以及$L\boldsymbol{v}$和$L(\boldsymbol{v})$与$[L(\boldsymbol{v})]$。

这个步骤揭示了，线性变换的定义完全取决于基到基的线性变换，无论变换是同一空间的，还是两个不同空间之间的。如果是同一空间，旧基和新基可以是不同的，也可以是同一组。这也是线性变换的一个基本构造方法，即只需给出基向量的变换，就能得到任何向量的变换。在有限维空间情形运用这个方法，也是得到变换矩阵的方法。

两个线性变换L_1和L_2的复合$L_2 \circ L_1$的变换矩阵等于变换矩阵的乘积，即

$$[L_2 \circ L_1] = [L_2][L_1]。$$

同样因为空间同构，常在符号上不加区分，径直采用最简单的形式L_2L_1表示$[L_2 \circ L_1]$和$[L_2][L_1]$。

若是复向量空间，则有此前已提到的反线性，即共轭线性概念。反线性映射满足反线性条件，即$\forall \boldsymbol{u},\boldsymbol{v} \in V \ \ \forall a,b \in \mathbb{C}$，

$$L(a\boldsymbol{u} + b\boldsymbol{v}) = \bar{a}L(\boldsymbol{u}) + \bar{b}L(\boldsymbol{v})。$$

与此相关的还有**双线性**映射和**半双线性**形式。简单地说，函数$f(\boldsymbol{u},\boldsymbol{v})$双线性是指它分别对第一个变量和第二个变量线性，即分别有

$$f(a\boldsymbol{u}_1+b\boldsymbol{u}_2,\boldsymbol{v})=af(\boldsymbol{u}_1,\boldsymbol{v})+bf(\boldsymbol{u}_2,\boldsymbol{v}),$$

$$f(\boldsymbol{u},a\boldsymbol{v}_1+b\boldsymbol{v}_2)=af(\boldsymbol{u},\boldsymbol{v}_1)+bf(\boldsymbol{u},\boldsymbol{v}_2)。$$

半双线性与双线性类似，其不同只是函数对一个变量线性而对另一个变量反线性。例如，对第一个变量反线性、对第二个变量线性就是满足

$$f(a\boldsymbol{u}_1+b\boldsymbol{u}_2,\boldsymbol{v})=\bar{a}f(\boldsymbol{u}_1,\boldsymbol{v})+\bar{b}f(\boldsymbol{u}_2,\boldsymbol{v}),$$

$$f(\boldsymbol{u},a\boldsymbol{v}_1+b\boldsymbol{v}_2)=af(\boldsymbol{u},\boldsymbol{v}_1)+bf(\boldsymbol{u},\boldsymbol{v}_2)。$$

双线性的典型例子包括矩阵乘法和克罗内克积、线性变换的张量积，还有向量的点积和外积；半双线性的典型例子则主要是复内积空间中的内积。

1.3.2　线性算子

向量空间到自身的线性变换有时特别称为**线性算子**，这是本小节重点讨论的对象。

对于有限维向量空间，给定一组基之后，线性变换可由其变换矩阵表示。由于是到自身的映射，变换矩阵是一个方阵。在量子计算中，代表量子门的变换矩阵、代表量子线路的酉矩阵等都是方阵。

下面结合变换矩阵讨论线性算子的几个有关问题。

（1）线性算子的特征向量和特征值

设$T:V\to V$是域F上向量空间V的一个线性算子，如果存在向量$\boldsymbol{x}\in V\ (\boldsymbol{x}\neq\boldsymbol{0})$使得$T(\boldsymbol{x})=\lambda\boldsymbol{x}\ (\lambda\in F)$，那么，$\boldsymbol{x}$就是线性变换$T$的一个特征向量，$\lambda$则为对应的特征值。对有限维向量空间，线性算子由其变换矩阵代表，仍用T表示，则$T\boldsymbol{x}=\lambda\boldsymbol{x}\ (\boldsymbol{x}\neq\boldsymbol{0})$定义了变换矩阵的特征向量和特征值。

（2）线性算子的可逆 / 双射

可逆就是双射。在有限维向量空间的情形，一般线性变换T可逆等价于变换矩阵$[T]$可逆，这是判断一般线性变换可逆性的基本方法。下面的命题表明，线性算子可逆只需在基上可逆即可。

命题 1.1　设$T:V\to V$是域F上的n-维向量空间V的一个线性算子，V的

一组基为$B = \{\boldsymbol{b}_i \mid i \in I\}$ ($I = \{1,2,\dots,n\}$)，则T可逆等价于存在线性算子$S: V \to V$，使得$\forall i \in I$有$S(T(\boldsymbol{b}_i)) = \boldsymbol{b}_i$。也就是说，线性算子可逆只需在一个基上可逆。

证明 只需证明若T在$B \subseteq V$上可逆，则它在V上也可逆。对任意向量$\boldsymbol{v} \in V$，有$\boldsymbol{v} = \sum_{i\in I} v_i \boldsymbol{b}_i$，因为$T$和$S$都是$V$上的线性算子，所以

$$
\begin{aligned}
S(T(\boldsymbol{v})) &= S\left(T\left(\sum_{i\in I} v_i \boldsymbol{b}_i\right)\right) \\
&= S\left(\sum_{i\in I} v_i T(\boldsymbol{b}_i)\right) \\
&= \sum_{i\in I} v_i S(T(\boldsymbol{b}_i)) \\
&= \sum_{i\in I} v_i \boldsymbol{b}_i = \boldsymbol{v}。 \blacksquare
\end{aligned}
$$

首先对基进行分析和处理，这是线性空间中的一个重要方法。

（3）线性算子的伴随算子

在有限维复希尔伯特空间H中，每个线性算子$T: H \to H$都是有界的，此时存在唯一线性算子T^*，满足$\forall \boldsymbol{u}, \boldsymbol{v} \in H \ \langle T\boldsymbol{u}, \boldsymbol{v}\rangle = \langle \boldsymbol{u}, T^*\boldsymbol{v}\rangle$，称为$T$的伴随算子。用变换矩阵表述，变换矩阵$T$的伴随变换矩阵就是其共轭转置矩阵$T^\dagger$。

伴随算子是后面定义量子领域中重要特殊算子之一的自伴算子所需的概念。

1.3.3 酉算子和酉矩阵

“酉”是 unitary 的音译，意为“单位的、单元的”，采用意译即为“幺正”。

酉算子及其变换矩阵即酉矩阵，是量子计算的核心，任何量子算法从头至尾就是由一系列酉算子构成。本小节专门讨论酉算子和酉矩阵，其他一些特殊算子和矩阵则放在下一小节中。

设U是复希尔伯特空间H上的一个变换，如果$\forall \boldsymbol{x}, \boldsymbol{y} \in H \ \langle U\boldsymbol{x}, U\boldsymbol{y}\rangle =$

$\langle x,y\rangle$，则称U为酉算子。在有限维复希尔伯特空间中，酉算子的变换矩阵就是酉矩阵，满足$U^{\dagger}U=UU^{\dagger}=I$。酉算子的根本特征是保持内积不变。其直接的推论就是将规范正交基变换到规范正交基。酉算子必是线性的、双射的，这是由内积的半双线性和酉算子将规范正交基映射到规范正交基的性质所决定的。

练习 1.1　证明**两个酉算子的复合是酉算子**，即如果U_1和U_2都是酉算子，则$U_2\circ U_1$必是酉算子。这个性质很简单但很重要，它保证了量子线路中的“串联”结构是酉算子。

（1）酉算子及其判定

正因为酉算子是量子计算的核心，判断一个算子是否为酉算子就是一个非常重要的基本问题。

下面是酉算子判断的几个实用方法，都是针对有限维复希尔伯特空间的。设这个空间为H，任给一组规范正交基$B\subseteq H$，H上的一个线性算子L在B下的变换矩阵为$[L]_B$，它可通过对每个基向量变换得到的基线性组合式而方便地写出。

①线性算子L是酉算子等价于$[L]_B$是酉矩阵。这是酉算子判断的一个基本方法。不过这种方法有个缺陷，就是当矩阵阶数很高时，又无紧凑的表达式，可能就很难对付。量子系统中的变换矩阵，阶数是指数增长的。例如，n-量子位寄存器的总体变换矩阵为$2^n\times 2^n$阶矩阵。

②如果L在B上满足酉算子条件，则在整个空间H上也满足，因而L是酉算子。也就是说，只要线性算子把任何一组规范正交基变换到仍是规范正交基，它必是酉算子。详见命题 1.2。这是下面几个方法的基础。

③如果L在B上是双射的，即L是B的一个置换，因此，它必是把规范正交基变换到规范正交基，根据上一条，L必是酉算子。这种情况相当于$[L]_B$是一个置换矩阵。因此，这个方法也相当于，如果$[L]_B$是一个置换矩阵，那么L就是酉算子。置换矩阵就是单位矩阵的行或列重新排列之后得到的矩阵。这是一种特殊情况，但在量子计算中常见。

④如果L在B上是对合的（详见下一小节），因而必是双射的，根据上一条，L必是酉算子。这个情况比上一个更特殊，但在量子算法中也常见。

下面还给出②中所提到的命题。

命题 1.2 设H是n-维复希尔伯特空间，给定一组规范正交基$B = \{\boldsymbol{u}_1, \boldsymbol{u}_2, \dots, \boldsymbol{u}_n\}$，$\langle \boldsymbol{u}_i, \boldsymbol{u}_j \rangle = \delta_{ij}$ $(i, j = 1,2, \dots, n)$，则H上的一个线性算子L是酉算子当且仅当

$$\langle L\boldsymbol{u}_i, L\boldsymbol{u}_j \rangle = \langle \boldsymbol{u}_i, \boldsymbol{u}_j \rangle = \delta_{ij} \ (i, j = 1,2, \dots, n)。\tag{1.7}$$

也即，L是酉算子等价于它在B上满足酉算子条件，或把规范正交基变换到规范正交基。

证明 条件(1.7)的必要性显然，因此只证其充分性，即要证的是，若(1.7)成立，则$\forall \boldsymbol{x}, \boldsymbol{y} \in H$ $\langle L\boldsymbol{x}, L\boldsymbol{y} \rangle = \langle \boldsymbol{x}, \boldsymbol{y} \rangle$。设$\boldsymbol{x} = \sum_{i=1}^{n} x_i \boldsymbol{u}_i$，$\boldsymbol{y} = \sum_{i=1}^{n} y_i \boldsymbol{u}_i$。由$L$是线性变换，有

$$\begin{aligned}
\langle L\boldsymbol{x}, L\boldsymbol{y} \rangle &= \left\langle \sum_{i=1}^{n} x_i L\boldsymbol{u}_i, \sum_{i=1}^{n} y_i L\boldsymbol{u}_i \right\rangle \\
&= \sum_{i=1}^{n} \sum_{j=1}^{n} \langle x_i L\boldsymbol{u}_i, y_j L\boldsymbol{u}_j \rangle \\
&= \sum_{i=1}^{n} \sum_{j=1}^{n} \overline{x_i} y_j \langle L\boldsymbol{u}_i, L\boldsymbol{u}_j \rangle \\
&= \sum_{i=1}^{n} \sum_{j=1}^{n} \overline{x_i} y_j \delta_{ij} \\
&= \sum_{i=1}^{n} \overline{x_i} y_i = \langle \boldsymbol{x}, \boldsymbol{y} \rangle。\blacksquare
\end{aligned}$$

这个命题意味着，考查一个线性算子是否为酉算子，仅需在任给的一组规范正交基上验证酉算子条件即可，这是很基本的一个做法。

（2）酉矩阵

酉矩阵是酉算子的变换矩阵。

方阵$U \in \mathbb{C}^{n \times n}$称为酉矩阵，如果满足$U^\dagger U = UU^\dagger = I$。注意，$U^\dagger U = I \Leftrightarrow UU^\dagger = I$，因此，若$U$是酉矩阵，则$U^\dagger$必是酉矩阵。当$U$是实矩阵时，则称正交矩阵。$U$是酉矩阵等价于以下任何一条：

①$\forall \boldsymbol{x}, \boldsymbol{y} \in \mathbb{C}^n$，$\langle U\boldsymbol{x}, U\boldsymbol{y} \rangle = \langle \boldsymbol{x}, \boldsymbol{y} \rangle$。这一条说明，$U$是酉算子的变换矩阵。

②$\forall \boldsymbol{x},\boldsymbol{y} \in \mathbb{C}^n$，$\|U(\boldsymbol{x}-\boldsymbol{y})\| = \|\boldsymbol{x}-\boldsymbol{y}\|$。

③$\forall \boldsymbol{x} \in \mathbb{C}^n$，$\|U\boldsymbol{x}\| = \|\boldsymbol{x}\|$。这一条意味着，酉变换不会改变量子状态向量的归一化性质。

④$U^{-1} = U^{\dagger}$。

⑤U的行向量 / 列向量构成$\mathbb{C}^n$的一组规范正交基。这一条清楚揭示了酉矩阵的结构，反映了其“幺正”性：若把酉矩阵写成列向量形式$U = [\boldsymbol{u}_1\ \boldsymbol{u}_2\ \cdots\ \boldsymbol{u}_n]$，则$\{\boldsymbol{u}_1,\boldsymbol{u}_2,\ldots,\boldsymbol{u}_n\}$必是规范正交基；若写成行向量也有类似结果。注意，埃尔米特矩阵的情况与此不同，它是其特征向量可构成一组规范正交基。

正如两个酉算子的复合是酉算子一样，易验证**两个酉矩阵的乘积是酉矩阵**。这一条简单而重要，是从变换矩阵的方面保证了“串联”量子线路仍是酉算子。

练习 1.2　证明上述第③条。这一条表明酉算子不会改变量子状态的归一化条件。

练习 1.3　证明上述第⑤条。这一条显示了酉矩阵的重要结构，具体就是酉矩阵与规范正交基的直接联系。

1.3.4　其他特殊算子和矩阵

除了酉算子之外，本小节讨论的这些特殊算子在量子力学和量子计算中也很重要。它们在有限维向量空间下的变换矩阵就是对应的特殊矩阵，包括埃尔米特矩阵、对合矩阵、投影矩阵及反射矩阵。

采用$A \in \mathbb{C}^{m\times n}$表示$A$为复数域$\mathbb{C}$上的$m \times n$阶矩阵。

（1）自伴算子与埃尔米特矩阵

设A是复希尔伯特空间H上的线性算子，如果$\forall \boldsymbol{x},\boldsymbol{y} \in H$ $\langle A\boldsymbol{x},\boldsymbol{y}\rangle = \langle \boldsymbol{x},A\boldsymbol{y}\rangle$，则称$A$是自伴算子，也称埃尔米特算子。在有限维空间，自伴算子对应埃尔米特矩阵$A = A^{\dagger}$。

自伴算子代表量子系统的可观测量。在有限维情形下，由埃尔米特矩阵的性质可更方便地导出量子系统测量相关的一些重要结果。

自伴算子的变换矩阵是埃尔米特矩阵。

方阵$A \in \mathbb{C}^{n\times n}$为埃尔米特矩阵，如果$A^\dagger = A$。它具有下列性质：

①埃尔米特矩阵是正规矩阵，即$A^\dagger A = AA^\dagger$。

②埃尔米特矩阵的特征值总是实数。这一条使得量子系统一旦测量状态坍缩到特征态之后，同时得到的对应特征值作为物理量的数值是有意义的。

③埃尔米特矩阵总有n个特征向量形成$\mathbb{C}^n$的规范正交基。这一条保证了量子系统状态空间有了明确的规范正交基，这是量子计算的重要基础。对比酉矩阵，其列向量或行向量本身直接就是一组规范正交基。

④对埃尔米特矩阵A，$\forall \boldsymbol{x} \in \mathbb{C}^n$，$\boldsymbol{x}^\dagger A\boldsymbol{x} = \boldsymbol{x}^\dagger A^\dagger \boldsymbol{x} = \left(\boldsymbol{x}^\dagger A\boldsymbol{x}\right)^\dagger = \overline{\boldsymbol{x}^\dagger A\boldsymbol{x}} \in \mathbb{R}$。这一条说明了为什么埃尔米特矩阵是定义正定矩阵的前提。

⑤对埃尔米特矩阵A，$\forall \boldsymbol{x},\boldsymbol{y} \in \mathbb{C}^n$，$(A\boldsymbol{x})^\dagger \boldsymbol{y} = \boldsymbol{x}^\dagger A^\dagger \boldsymbol{y} = \boldsymbol{x}^\dagger A\boldsymbol{y} = \boldsymbol{x}^\dagger (A\boldsymbol{y})$，即$\langle A\boldsymbol{x},\boldsymbol{y}\rangle = \langle \boldsymbol{x}, A\boldsymbol{y}\rangle$。这一条说明了埃尔米特矩阵代表有限维复希尔伯特空间的自伴算子，而自伴算子代表量子系统的可观测量。

（2）对合算子与对合矩阵

一般地，对合函数就是$f: X \to X$，$\forall x \in X \ \ f(f(x)) = x$。对合函数必双射，即可逆。这是因为，按条件对合函数必是单射的，又由于是到自身的映射，可证明它必是满射的。

向量空间V上的变换T是对合算子就是$\forall \boldsymbol{x} \in X$，$T(T(\boldsymbol{x})) = \boldsymbol{x}$。在有限维情形下，对合算子的变换矩阵就是对合矩阵，即$T^2 = I$。

一个酉算子如果同时也是自伴算子，那么，它必然也是对合算子；反之，如果一个线性算子是在一组规范正交基下是对合算子，那么，它也是酉算子，正如上一小节所述。

对合算子的变换矩阵是对合矩阵。

方阵$A \in \mathbb{C}^{n\times n}$为对合矩阵，如果$A^2 = I$。

对合矩阵的特点是，$\forall \boldsymbol{x} \in \mathbb{C}^n$，$AA\boldsymbol{x} = \boldsymbol{x}$，即两次作用之后就回到自身，是可逆的一种非常特殊的情况，这在量子计算中经常出现，包括大多数量子门。

如果A既是酉矩阵又是埃尔米特矩阵，那么，A必是对合矩阵，因为由$A^{-1} = A^\dagger = A$，必有$A^2 = I$。事实上易验证，酉矩阵、埃尔米特矩阵、对合矩阵，一个方阵只要是这 3 种中的任意两种，也必然是第三种，结果 3 个条件同时满足。在常见的量子门中，除了相移门、受控U门外，都是这种“身兼三职”的情况。

（3）投影变换与投影矩阵

给定一个向量空间V，考虑这样一个线性变换P，经P变换一次之后再用P进行变换就不再动了，即要求$\forall \boldsymbol{v} \in V$，$P(P\boldsymbol{v}) = P\boldsymbol{v}$，或者$P \circ P = P$。这就是投影变换。我们可以问，$P$把向量投影到哪里去了？由于$P$的值域$\mathrm{rng}(P) = \{P\boldsymbol{v} \mid \boldsymbol{v} \in V\}$，所以$\forall \boldsymbol{u} \in \mathrm{rng}(P)$，必$\exists \boldsymbol{v} \in V$使得$\boldsymbol{u} = P\boldsymbol{v}$，因而$P\boldsymbol{u} = P(P\boldsymbol{v}) = P\boldsymbol{v} = \boldsymbol{u}$。可见，$\mathrm{rng}(P)$中的向量都不会在$P$的作用下改变，即$P$把所有向量都投影到它的值域中。

当装备了内积，就可以进一步考虑正交投影。这时，除了要求$\forall \boldsymbol{v} \in V\ \ P(P\boldsymbol{v}) = P\boldsymbol{v}$之外，还有正交的要求。具体而言就是，$\forall \boldsymbol{u}, \boldsymbol{v} \in V$，投影分量$P\boldsymbol{u}$和$P\boldsymbol{v}$都要与“剩余”分量即$\boldsymbol{u} - P\boldsymbol{u}$和$\boldsymbol{v} - P\boldsymbol{v}$正交，即$\langle P\boldsymbol{u}, \boldsymbol{v} - P\boldsymbol{v}\rangle = \langle P\boldsymbol{v}, \boldsymbol{u} - P\boldsymbol{u}\rangle = 0$，展开得$\langle P\boldsymbol{u}, \boldsymbol{v}\rangle = \langle P\boldsymbol{u}, P\boldsymbol{v}\rangle$和$\langle P\boldsymbol{v}, \boldsymbol{u}\rangle = \langle P\boldsymbol{v}, P\boldsymbol{u}\rangle$，将第二个等式两端取共轭可得$\langle \boldsymbol{u}, P\boldsymbol{v}\rangle = \langle P\boldsymbol{u}, P\boldsymbol{v}\rangle$。因此，$\langle P\boldsymbol{u}, \boldsymbol{v}\rangle = \langle \boldsymbol{u}, P\boldsymbol{v}\rangle$，说明$P$是自伴算子，即$P = P^*$。

投影变换的变换矩阵是投影矩阵。

设有方阵$P \in \mathbb{C}^{n\times n}$。称$P$为投影矩阵，如果$P^2 = P$。

如前所述，投影的特征就是把向量变换到某个子集里去不再变，这个子集就是变换的值域。而变换的值域就对应矩阵的列空间：设$P = [\boldsymbol{p}_1\ \ \boldsymbol{p}_2\ \ \cdots\ \ \boldsymbol{p}_n]$，则$\mathrm{rng}(P) = \{P\boldsymbol{x} \mid \boldsymbol{x} \in \mathbb{C}^n\} = \mathrm{colsp}(P)$。

正交投影矩阵则还需满足$P = P^\dagger$，即同时是投影矩阵和埃尔米特矩阵。

设$\boldsymbol{u} \in \mathbb{C}^n$是单位向量，即$\|\boldsymbol{u}\| = \sqrt{\boldsymbol{u}^\dagger\boldsymbol{u}} = 1$，则$(\boldsymbol{u}\boldsymbol{u}^\dagger)^2 = \boldsymbol{u}\boldsymbol{u}^\dagger\boldsymbol{u}\boldsymbol{u}^\dagger = \boldsymbol{u}\boldsymbol{u}^\dagger = (\boldsymbol{u}\boldsymbol{u}^\dagger)^\dagger$，所以外积$\boldsymbol{u}\boldsymbol{u}^\dagger$是正交投影矩阵，$\forall \boldsymbol{x} \in \mathbb{C}^n$，$\boldsymbol{u}\boldsymbol{u}^\dagger\boldsymbol{x} = (\boldsymbol{u}^\dagger\boldsymbol{x})\boldsymbol{u}$，即把$\boldsymbol{x}$正投影到$\boldsymbol{u}$方向上，分量长度为$|\boldsymbol{u}^\dagger\boldsymbol{x}|$。若不是单位向量，就采用归一化即可。任何一个量子状态向量$|\psi\rangle$，包括基向量，都是单位向量，所以都可直接用其外积做成正交投影矩阵$|\psi\rangle\langle\psi|$。

（4）反射变换与反射矩阵

反射与投影有关，确切地说，可将投影点作为反射中心点，在此基础上表达反射要求。

先考虑以一个轴为准进行反射。假如有一个单位向量$\boldsymbol{u}$代表一个轴，要求变换T满足，对向量空间V中的任一向量$\boldsymbol{v}$，$T\boldsymbol{v}-\boldsymbol{u}\langle\boldsymbol{u},\boldsymbol{v}\rangle=-(\boldsymbol{v}-\boldsymbol{u}\langle\boldsymbol{u},\boldsymbol{v}\rangle)=\boldsymbol{u}\langle\boldsymbol{u},\boldsymbol{v}\rangle-\boldsymbol{v}$。其中，$\boldsymbol{u}\langle\boldsymbol{u},\boldsymbol{v}\rangle$是$\boldsymbol{v}$在$\boldsymbol{u}$上的投影，为反射中心点；所以$T\boldsymbol{v}=2\boldsymbol{u}\langle\boldsymbol{u},\boldsymbol{v}\rangle-\boldsymbol{v}$。在有限维空间，可写出其变换矩阵，$T\boldsymbol{v}=2\boldsymbol{u}\boldsymbol{u}^{\dagger}\boldsymbol{v}-\boldsymbol{v}=(2\boldsymbol{u}\boldsymbol{u}^{\dagger}-I)\boldsymbol{v}$，因此

$$R_{\boldsymbol{u}}=2\boldsymbol{u}\boldsymbol{u}^{\dagger}-I$$

为一个反射矩阵。

如果考虑$\boldsymbol{v}$向$\boldsymbol{u}$的正交补空间，即以$\boldsymbol{u}$为法向的超平面投影，投影点为$(\boldsymbol{v}-\boldsymbol{u}\langle\boldsymbol{u},\boldsymbol{v}\rangle)$，则以此为反射中心点的镜面反射要求$T\boldsymbol{v}-(\boldsymbol{v}-\boldsymbol{u}\langle\boldsymbol{u},\boldsymbol{v}\rangle)=(\boldsymbol{v}-\boldsymbol{u}\langle\boldsymbol{u},\boldsymbol{v}\rangle)-\boldsymbol{v}=-\boldsymbol{u}\langle\boldsymbol{u},\boldsymbol{v}\rangle$，所以$T\boldsymbol{v}=\boldsymbol{v}-2\boldsymbol{u}\langle\boldsymbol{u},\boldsymbol{v}\rangle$，其对应的矩阵形式为

$$H_{\boldsymbol{u}}=I-2\boldsymbol{u}\boldsymbol{u}^{\dagger},$$

与上述反射正好只相差一个负号，这就是豪斯霍尔德变换。易验证$H_{\boldsymbol{u}}=H_{\boldsymbol{u}}^{\dagger},H^2=I,R_{\boldsymbol{u}}$当然也有同样性质，所以这两个矩阵同时也是埃尔米特矩阵、酉矩阵、对合矩阵，这一点与大多量子门矩阵相同。

Grover 算法的核心就是 Grover 变换。它是由两个变换组成：第一个变换是量子黑箱对应的变换；第二个变换是扩散算子。这两个变换都是反射变换，其中，量子黑箱变换实际上就是豪斯霍尔德变换，而扩散算子则是上列前一个反射变换。

1.4 克罗内克积与张量积

由两个量子系统复合成一个更大的量子系统，状态空间将以张量积“扩张”，相应的量子状态向量、线性变换，特别包括产生状态转移作用的酉算子，都是以张量积扩张。量子计算中，由多个单量子比特构成多位量子寄存器，就是此种张量积扩张的典型。

为何传统计算机处理几千位也不算什么，而量子计算机有几十位就要号称“量子霸权”？原因就在于量子状态空间的张量积扩张带来的指数增

长，是传统计算机无法比拟的。

在有限维情形，张量积可归结为矩阵的克罗内克积，而矩阵也自然涵盖了相应坐标向量的情形。由于矩阵的克罗内克积非常具体、明确，因而由它开始，反倒可以使得对张量积的本质认识更加清晰。

1.4.1　克罗内尔积

设域F上的两个矩阵是$A=\left(a_{ij}\right)\in F^{m\times n},B=(b_{kl})\in F^{p\times q}$，$A$和$B$的克罗内克积$A\otimes B$定义为

$$
\begin{aligned}
A\otimes B &\overset{\text{def}}{=} \begin{bmatrix} a_{11}B & \cdots & a_{1n}B \\ \vdots & \ddots & \vdots \\ a_{m1}B & \cdots & a_{mn}B \end{bmatrix} \\
&= \begin{bmatrix} a_{11}\begin{bmatrix} b_{11} & \cdots & b_{1q} \\ \vdots & \ddots & \vdots \\ b_{p1} & \cdots & b_{pq} \end{bmatrix} & \cdots & a_{1n}\begin{bmatrix} b_{11} & \cdots & b_{1q} \\ \vdots & \ddots & \vdots \\ b_{p1} & \cdots & b_{pq} \end{bmatrix} \\ \vdots & \ddots & \vdots \\ a_{m1}\begin{bmatrix} b_{11} & \cdots & b_{1q} \\ \vdots & \ddots & \vdots \\ b_{p1} & \cdots & b_{pq} \end{bmatrix} & \cdots & a_{mn}\begin{bmatrix} b_{11} & \cdots & b_{1q} \\ \vdots & \ddots & \vdots \\ b_{p1} & \cdots & b_{pq} \end{bmatrix} \end{bmatrix} \\
&= \begin{bmatrix} a_{11}b_{11} & \cdots & a_{11}b_{1q} & & a_{1n}b_{11} & \cdots & a_{1n}b_{1q} \\ \vdots & \ddots & \vdots & \cdots & \vdots & \ddots & \vdots \\ a_{11}b_{p1} & \cdots & a_{11}b_{pq} & & a_{1n}b_{p1} & \cdots & a_{1n}b_{pq} \\ & \vdots & & \ddots & & \vdots & \\ a_{m1}b_{11} & \cdots & a_{m1}b_{1q} & & a_{mn}b_{11} & \cdots & a_{mn}b_{1q} \\ \vdots & \ddots & \vdots & \cdots & \vdots & \ddots & \vdots \\ a_{m1}b_{p1} & \cdots & a_{m1}b_{pq} & & a_{mn}b_{p1} & \cdots & a_{mn}b_{pq} \end{bmatrix} \in F^{mp\times nq}\text{。}
\end{aligned}
$$

克罗内尔积使得矩阵的阶数成倍增长，看起来好像比普通矩阵乘积复杂很多，其实某种意义下它很纯粹、很简单，要求极低，起码比矩阵乘法要求低。两个矩阵能够相乘必须第一个矩阵的列数等于第二个矩阵的行数，而克罗内克积则无任何要求，不同阶的任意两个矩阵都可进行克罗内克积。

下面讨论克罗内克积的性质。设A,B,C,D为域F上的矩阵，$a,b\in F$为标量。

首先是克罗内尔积的 3 条泛性质，也就是其他很多数学对象都可能有的性质，尽管情况不一定全同，如交换律有的满足，有的不满足。

①具有双线性，即分别对第一个和第二个变量都具有线性性，即

$$A \otimes (aB + bC) = a(A \otimes B) + b(A \otimes C),$$

$$(aA + bB) \otimes C = a(A \otimes C) + b(B \otimes C)。$$

这是最基本的性质。

②满足结合律：

$$(A \otimes B) \otimes C = A \otimes (B \otimes C)。$$

③不满足交换律，即$A \otimes B \neq B \otimes A$。但有同构关系$A \otimes B \cong B \otimes A$。具体而言，就是存在置换矩阵$P, Q$使得$A \otimes B = P(B \otimes A)Q$。不满足交换律的原因是，按照定义，$A \otimes B$是“$A$由$B$扩张”的结果，而$B \otimes A$是“$B$由$A$扩张”的结果，两个结果一般是不同的。

克罗内克积满足这 3 条泛性质，与矩阵乘法的情况相同。

现在看其他几个重要的基本性质。

①混合积。只要A和C、B和D是可乘的，就有

$$(A \otimes B)(C \otimes D) = (AC) \otimes (BD)。$$

这条性质在量子复合系统中具有重要意义，反映在两个层面：

第一，对复合系统状态的变换等于对构成系统分别变换的复合，反之亦然。具体而言，设A和B分别是m阶和n阶方阵，而$\boldsymbol{u}$和$\boldsymbol{v}$分别是m维和n维向量，则必有

$$(A \otimes B)(\boldsymbol{u} \otimes \boldsymbol{v}) = (A\boldsymbol{u}) \otimes (B\boldsymbol{v})。$$

第二，复合系统（“并联”）的复合变换（“串联”）等于构成系统分别复合变换（“串联”）之后再系统复合（“并联”），反之亦然。具体而言，设A_1和A_2是m阶方阵，B_1和B_2是n阶方阵，则必有

$$(A_1 \otimes B_1)(A_2 \otimes B_2) = (A_1A_2) \otimes (B_1B_2)。$$

这在量子计算中尤为重要，反映了量子计算中酉算子的“并联”“串联”两种结构之间的关系。

②矩阵的逆。对于任何两个矩阵都有

$$(A \otimes B)^+ = A^+ \otimes B^+,$$

其中，A^+和B^+是 Moore-Penrose 逆，所以当两个矩阵可逆时，就有

$$(A \otimes B)^{-1} = A^{-1} \otimes B^{-1}。$$

③转置和共轭转置。对任意两个复矩阵

$$\overline{A \otimes B} = \bar{A} \otimes \bar{B},$$

$$(A \otimes B)^{\mathrm{T}} = A^{\mathrm{T}} \otimes B^{\mathrm{T}}。$$

由此自然就有

$$(A \otimes B)^{\dagger} = A^{\dagger} \otimes B^{\dagger}。$$

④单位矩阵。设I_m和I_n是单位矩阵，则$I_m \otimes I_n = I_{mn}$也是单位矩阵，因为$I_m \otimes I_n = \begin{bmatrix} 1I_n & \cdots & 0I_n \\ \vdots & \ddots & \vdots \\ 0I_n & \cdots & 1I_n \end{bmatrix} = I_{mn}$。

⑤酉矩阵。若$U \in \mathbb{C}^{m\times m}, V \in \mathbb{C}^{n\times n}$是酉矩阵，则$U \otimes V \in \mathbb{C}^{mn\times mn}$也是酉矩阵。这是因为$(U \otimes V)^{\dagger}(U \otimes V) = (U^{\dagger} \otimes V^{\dagger})(U \otimes V) = U^{\dagger}U \otimes V^{\dagger}V = I \otimes I = I$。这一条对量子计算很重要，它保证了量子线路的“并联”结构是酉算子。

练习 1.4　设A是n-阶方阵，$\boldsymbol{v}$是n-维向量，证明$(A\boldsymbol{v})^{\otimes k} = A^{\otimes k}\boldsymbol{v}^{\otimes k}$。这在量子计算中常用到。

练习 1.5　设A是n-阶方阵，B是m-阶方阵，证明$(A \otimes B)^k = A^k \otimes B^k$。这显示了两个算子在复合量子系统中反复使用的情形。

1.4.2　张量积

克罗内克积是针对矩阵的，当然包括坐标向量。它可以推广到一般的向量、空间、变换，就是张量积。首先从简单的坐标空间情形的张量积入手，再考虑有限维复希尔伯特空间情形下的张量积，然后给出张量积的一些有用性质。

（1）坐标空间的张量积

设F是一个域，F^n表示该域上的n-维坐标空间，标准基为$\{\boldsymbol{e}_1^n, \dots, \boldsymbol{e}_i^n, \dots, \boldsymbol{e}_n^n\}$。其中，$\boldsymbol{e}_i^n$表示第$i$个分量为 1、其余全为 0 的列向量。

考虑两个这样的坐标空间F^n和F^m。两个向量$\boldsymbol{x} \in F^n$和$\boldsymbol{y} \in F^m$的张量积可由克罗内克积给出：

$$\boldsymbol{x} \otimes \boldsymbol{y} = \begin{bmatrix} x_1\boldsymbol{y} \\ x_2\boldsymbol{y} \\ \vdots \\ x_n\boldsymbol{y} \end{bmatrix} = \begin{bmatrix} x_1y_1 \\ \vdots \\ x_1y_m \\ \vdots \\ x_ny_1 \\ \vdots \\ x_ny_m \end{bmatrix} \in F^{nm}。$$

由此可定义两个坐标空间F^n和F^m的张量积：

$$F^n \otimes F^m = \{\boldsymbol{x} \otimes \boldsymbol{y} \mid \boldsymbol{x} \in F^n \ \ \boldsymbol{y} \in F^m\}。$$

显然有

$$\dim F^n \otimes F^m = nm = \dim F^n \times \dim F^m。$$

特别地，将$\boldsymbol{x} \otimes \boldsymbol{y}$的定义用于两个空间的标准基向量，可得到集合

$$\{\boldsymbol{e}_1^n \otimes \boldsymbol{e}_1^m, \dots, \boldsymbol{e}_1^n \otimes \boldsymbol{e}_m^m; \dots; \boldsymbol{e}_i^n \otimes \boldsymbol{e}_1^m, \dots, \boldsymbol{e}_i^n \otimes \boldsymbol{e}_j^m, \dots, \boldsymbol{e}_i^n \otimes \boldsymbol{e}_m^m; \dots; \boldsymbol{e}_n^n \otimes \boldsymbol{e}_1^m, \dots, \boldsymbol{e}_n^n \otimes \boldsymbol{e}_m^m\}。$$

易验证其中的$\boldsymbol{e}_i^n \otimes \boldsymbol{e}_j^m = \boldsymbol{e}_k^{nm} \in F^{nm}$ $(i = 1, \dots, n; j = 1, \dots, m)$是第$k = (i-1)m + j$个分量为1、其余全为0的向量，如

$$\boldsymbol{e}_2^2 \otimes \boldsymbol{e}_1^2 = \boldsymbol{e}_3^4 = \begin{bmatrix} 0 \\ 1 \end{bmatrix} \otimes \begin{bmatrix} 1 \\ 0 \end{bmatrix} = \begin{bmatrix} 0\begin{bmatrix} 1 \\ 0 \end{bmatrix} \\ 1\begin{bmatrix} 1 \\ 0 \end{bmatrix} \end{bmatrix} = \begin{bmatrix} 0 \\ 0 \\ 1 \\ 0 \end{bmatrix}。$$

因此，这个集合$\{\boldsymbol{e}_i^n \otimes \boldsymbol{e}_j^m \in F^n \otimes F^m \mid i = 1, \dots, n; j = 1, \dots, m\}$实际上是张量积空间$F^n \otimes F^m$的标准基。

综上，在$F^n \otimes F^m$中的任一向量都是$\boldsymbol{x} \otimes \boldsymbol{y}$ $(\boldsymbol{x} \in F^n, \boldsymbol{y} \in F^m)$这样的形式，并可表示为

$$\boldsymbol{x} \otimes \boldsymbol{y} = \sum_{i=1}^{n}\sum_{j=1}^{m} x_i y_j \left(\boldsymbol{e}_i^n \otimes \boldsymbol{e}_j^m\right)。$$

这表明，一方面有同构$F^n \otimes F^m \cong F^{nm}$，显示了两个空间通过张量积“扩张”成维数相乘的大空间；另一方面$F^n \otimes F^m$也有其自身一种特定组合结构。

（2）有限维复希尔伯特空间的张量积

参照坐标空间的张量积，可给出有限维复希尔伯特空间情形下有关张

量积的一个描述。有关张量积包括 3 方面，即两个空间的向量的张量积、两个空间本身的张量积和两个线性变换的张量积。下面的描述方式并非严格的、标准的，仅是为了更清晰地展示相关结构的一种简便方式，出发点仍是有限维复希尔伯特空间与同维度复坐标空间的同构。

考虑n-维和m-维复希尔伯特空间H_n和H_m，分别有规范正交基$\{\boldsymbol{a}_1,\dots,\boldsymbol{a}_i,\dots,\boldsymbol{a}_n\}$和$\{\boldsymbol{b}_1,\dots,\boldsymbol{b}_i,\dots,\boldsymbol{b}_m\}$，则$H_n$中的任一向量$\boldsymbol{x}$和$H_m$中的任一向量$\boldsymbol{y}$可分别表示为

$$\boldsymbol{x}=\sum_{i=1}^{n}x_i\boldsymbol{a}_i$$

和

$$\boldsymbol{y}=\sum_{j=1}^{m}y_j\boldsymbol{b}_j\text{。}$$

特别地，对于基向量，有

$$\boldsymbol{a}_i=\sum_{k=1}^{n}\delta_{ik}\boldsymbol{a}_k\quad(i=1,\dots,n)$$

和

$$\boldsymbol{b}_j=\sum_{k=1}^{m}\delta_{jk}\boldsymbol{b}_k\quad(j=1,\dots,m)\text{。}$$

有了这两组规范正交基线性组合表达式，就可得到H_n和H_m的同构坐标空间，即$H_n\cong\mathbb{C}^n$和$H_m\cong\mathbb{C}^m$。此时，按照坐标空间的张量积，不难给出坐标向量的张量积$[\boldsymbol{x}]\otimes[\boldsymbol{y}]$，特别包括关于基向量的张量积$[\boldsymbol{a}_i]\otimes[\boldsymbol{b}_j]$，再用同构映射的逆映射定义$\boldsymbol{x}\otimes\boldsymbol{y}$和$\boldsymbol{a}_i\otimes\boldsymbol{b}_j$，进而可定义

$$H_n\otimes H_m=\{\boldsymbol{x}\otimes\boldsymbol{y}\mid\boldsymbol{x}\in H_n\ \ \boldsymbol{y}\in H_m\},$$

且可验证$H_n\otimes H_m$的规范正交基为$\{\boldsymbol{a}_i\otimes\boldsymbol{b}_j\mid i=1,\dots,n;j=1,\dots,m\}$。在该基下，$H_n\otimes H_m$的任一向量$\boldsymbol{x}\otimes\boldsymbol{y}$的规范正交基线性组合表达式为

$$\boldsymbol{x}\otimes\boldsymbol{y}=\sum_{i=1}^{n}\sum_{j=1}^{m}x_iy_j(\boldsymbol{a}_i\otimes\boldsymbol{b}_j)\text{。}$$

可见，$H_n \otimes H_m \cong \mathbb{C}^n \otimes \mathbb{C}^m \cong \mathbb{C}^{nm}$，这也表明了

$$\dim H_n \otimes H_m = \dim H_n \times \dim H_m。$$

现在简述两个线性变换的张量积。设$L: H_n \to H_m$和$M: H_q \to H_p$是复希尔伯特空间之间的两个线性变换。仍然借助同构关系，假如用变换矩阵$[L]$和$[M]$表示相应坐标空间之间的变换，即$[L]: \mathbb{C}^n \to \mathbb{C}^m$和$[M]: \mathbb{C}^q \to \mathbb{C}^p$，那么，矩阵的张量积就是克罗内克积$[L] \otimes [M] \in \mathbb{C}^{mp \times nq}$，它表示的变换就是$[L] \otimes [M]: \mathbb{C}^n \otimes \mathbb{C}^q \to \mathbb{C}^m \otimes \mathbb{C}^p$。此时，同样采用同构逆映射的办法给出定义$L \otimes M: H_n \otimes H_q \to H_m \otimes H_p$。

量子计算领域中，一个n-位和一个m-位量子寄存器复合成$(n+m)$-位量子寄存器，就是张量积“扩张”。量子计算中，还常常用到同一个对象的多重张量积：

$$A^{\otimes k} \stackrel{\text{def}}{=} \underbrace{A \otimes A \otimes \cdots \otimes A}_{k},$$

其中，A可以是向量、空间、变换，无论是一般向量空间还是坐标空间的情形。

（3）张量积的一些有用性质

从上述可知，张量积与矩阵的克罗内克积联系紧密，可以说前者就是后者从有限维坐标空间到一般情形的推广，基本性质也与后者相同。因此，关于维度相乘、双线性、满足结合律、不满足交换律几个基本性质，这里就不再赘述。下面针对有限维复希尔伯特空间列出了张量积的其他一些性质，尽管与克罗内克积的相应性质基本重叠，但由于它们的重要性，仍在此列出以示强调。这些性质都可通过上述张量积的描述进行验证。

设有n-维和m-维复希尔伯特空间H_n和H_m，$\boldsymbol{u}, \boldsymbol{v} \in H_n$和$\boldsymbol{x}, \boldsymbol{y} \in H_m$分别是两个空间中的向量，$L: H_n \to H_n$和$M: H_m \to H_m$是两个线性算子。

①$\langle \boldsymbol{u} \otimes \boldsymbol{x}, \boldsymbol{v} \otimes \boldsymbol{y} \rangle = \langle \boldsymbol{u}, \boldsymbol{v} \rangle \langle \boldsymbol{x}, \boldsymbol{y} \rangle$。张量积空间$H_n \otimes H_m$的内积由$H_n$和$H_m$各自的内积相乘而得。此条很基本，由此易验证$H_n \otimes H_m$仍是复希尔伯特空间。还可推论得$\|\boldsymbol{u} \otimes \boldsymbol{x}\| = \|\boldsymbol{u}\|\|\boldsymbol{x}\|$，这意味着单位向量的张量积仍是单位向量，表明复合量子系统的状态自然满足归一化条件。

②$(L\boldsymbol{u}) \otimes (M\boldsymbol{x}) = (L \otimes M)(\boldsymbol{u} \otimes \boldsymbol{x})$。这表明，$L$和$M$对各分系统分别变

换等效于用$L \otimes M$对总系统进行变换。由此推论$(L\boldsymbol{u})^{\otimes k} = L^{\otimes k}\boldsymbol{u}^{\otimes k}$，这在量子计算中常用。

③若L和M是恒等算子，则$L \otimes M$也是恒等算子。

④若L和M是酉算子，则$L \otimes M$也是酉算子。正如在阐述克罗内克积中对应部分提到的，这一条简明而重要，保证了量子线路的“并联”结构仍是酉算子。

1.4.3　状态简写与基态编码

有了张量积，结合狄拉克符号，量子寄存器的状态就容易表示了。不过，正如在量子力学中一样，量子计算领域中普遍采用了一些简化记法，表现力很强，效率很高，值得特别关注，这是本节讲述的重点，为此后量子算法的分析进一步扫除障碍。

（1）几个名称和符号

为便利起见，这里先给出几个大量用到的基本对象和符号。

①布尔域：$\mathbb{B} \stackrel{\text{def}}{=} \{0,1\}$，表示单个传统比特变量的值域。因此，$\mathbb{B}^n = \{0,1\}^n$就表示长度为$n$的二进制字串的集合，如$\mathbb{B}^3 = \{000,001,010,011,100,101,110,111\}$。$\mathbb{B}^n$的势即元素个数为$|\mathbb{B}^n| = |\{0,1\}|^n = 2^n$。

②量子位和量子寄存器状态空间：用$\mathcal{H}_2$表示单个量子比特的状态空间，它是一个 2-维复希尔伯特空间，那么，$\mathcal{H}_2^{\otimes n}$就是大小为$n$的量子寄存器的状态空间，这个空间的维数是$\dim \mathcal{H}_2^{\otimes n} = (\dim \mathcal{H}_2)^n = 2^n$。若按语境分析无歧义，有时也用同构的复坐标空间直接表示量子位和量子寄存器的状态空间。具体而言，用$\mathbb{C}^2$代替$\mathcal{H}_2$，用$\mathbb{C}^{2^n}$代替$\mathcal{H}_2^{\otimes n}$，同时为了书写简明，常令$N = 2^n$。

③归一化条件：需要注意的是，归一化条件使得量子状态只是在其状态空间的一个半径为 1 的超球面上，这个超球面并不构成线性子空间，也与布洛赫球面无关。这一点常常并不专门声明，正如归一化条件也常常是默认的，不一定会处处声明。

（2）量子比特的状态

首先考虑单个量子比特系统。该系统的状态空间为$\mathcal{H}_2$，给定系统的一

个可观测量，即$\mathcal{H}_2$中的一个自伴算子，并设该算子的两个特征向量是$|0\rangle$和$|1\rangle$，即特征态或基态，它们是正交的单位向量，构成$\mathcal{H}_2$的一组规范正交基$\{|0\rangle, |1\rangle\}$。单个量子比特的状态是基态$|0\rangle$和$|1\rangle$的归一化线性组合，即

$$|\psi\rangle = c_0|0\rangle + c_1|1\rangle \ (c_0, c_1 \in \mathbb{C}, |c_0|^2 + |c_1|^2 = 1)。 \tag{1.8}$$

其中，状态$|\psi\rangle$在规范正交基下的坐标就是c_0和c_1。由此可写出其坐标向量：

$$[|\psi\rangle] = \begin{bmatrix} c_0 \\ c_1 \end{bmatrix},$$

而且这个写法也可用于基态$|0\rangle$和$|1\rangle$本身，只要写出它们在自身之下的线性组合式

$$|0\rangle = 1|0\rangle + 0|1\rangle,$$
$$|1\rangle = 0|0\rangle + 1|1\rangle,$$

即可得到

$$[|0\rangle] = \begin{bmatrix} 1 \\ 0 \end{bmatrix}，[|1\rangle] = \begin{bmatrix} 0 \\ 1 \end{bmatrix}。$$

不过实际上，这种写法几乎见不到，因为显得太累赘。量子力学符号系统的一大特点就是经济、节省、高效，所以我们常见的是这样的省略形式：

$$|\psi\rangle = \begin{bmatrix} c_0 \\ c_1 \end{bmatrix};$$
$$|0\rangle = \begin{bmatrix} 1 \\ 0 \end{bmatrix}，|1\rangle = \begin{bmatrix} 0 \\ 1 \end{bmatrix}。$$

这从源头来看，似乎欠严格性。但实际上由于简洁、高效的需求而具有必要性。因此，只要约定好之后最终就会成为规范严格的表达。

当测量这个系统时，系统状态坍缩到基态$|0\rangle$或$|1\rangle$，即测量结果要么是$|0\rangle$，要么是$|1\rangle$，测得$|0\rangle$的概率是$|c_0|^2$，测得$|1\rangle$的概率是$|c_1|^2$。

单个量子比特系统基本的东西就这些，但它是构成多个量子比特的量子寄存器进而完成复杂量子计算的根基。

（3）量子寄存器的状态

量子寄存器是由多个量子比特复合而成的量子系统。其量子状态向量是各量子比特状态的张量积。

首先看 2-量子比特寄存器，它由两个量子比特构成。其状态分别为$|\psi_1\rangle = a_0|0\rangle + a_1|1\rangle$和$|\psi_2\rangle = b_0|0\rangle + b_1|1\rangle$。因此，由此复合而成的寄存器

状态$|\psi\rangle$为

$$
\begin{aligned}
|\psi\rangle &= |\psi_1\rangle \otimes |\psi_2\rangle = (a_0|0\rangle + a_1|1\rangle) \otimes (b_0|0\rangle + b_1|1\rangle) \\
&= a_0b_0|0\rangle \otimes |0\rangle + a_0b_1|0\rangle \otimes |1\rangle + a_1b_0|1\rangle \otimes |0\rangle + a_1b_1|1\rangle \otimes |1\rangle \\
&= a_0b_0\begin{bmatrix}1\\0\end{bmatrix} \otimes \begin{bmatrix}1\\0\end{bmatrix} + a_0b_1\begin{bmatrix}1\\0\end{bmatrix} \otimes \begin{bmatrix}0\\1\end{bmatrix} + a_1b_0\begin{bmatrix}0\\1\end{bmatrix} \otimes \begin{bmatrix}1\\0\end{bmatrix} + a_1b_1\begin{bmatrix}0\\1\end{bmatrix} \otimes \begin{bmatrix}0\\1\end{bmatrix} \\
&= a_0b_0\begin{bmatrix}1\\0\\0\\0\end{bmatrix} + a_0b_1\begin{bmatrix}0\\1\\0\\0\end{bmatrix} + a_1b_0\begin{bmatrix}0\\0\\1\\0\end{bmatrix} + a_1b_1\begin{bmatrix}0\\0\\0\\1\end{bmatrix} = \begin{bmatrix}a_0b_0\\a_0b_1\\a_1b_0\\a_1b_1\end{bmatrix} \overset{\text{def}}{=} \begin{bmatrix}c_0\\c_1\\c_2\\c_3\end{bmatrix},
\end{aligned}
$$

或者直接仅用坐标向量表达式

$$
|\psi\rangle = |\psi_1\rangle \otimes |\psi_2\rangle = \begin{bmatrix}a_0\\a_1\end{bmatrix} \otimes \begin{bmatrix}b_0\\b_1\end{bmatrix} = \begin{bmatrix}a_0b_0\\a_0b_1\\a_1b_0\\a_1b_1\end{bmatrix} \overset{\text{def}}{=} \begin{bmatrix}c_0\\c_1\\c_2\\c_3\end{bmatrix},
$$

结果殊途同归。

但是，若用这样的方式处理n-量子比特寄存器，其状态向量是2^n维的，将会非常复杂。因此，一般更多会采用规范正交基的线性组合表达式，即基态叠加式。然而，要按张量积写出n-量子比特寄存器状态的基态叠加式，结果仍然比较庞杂。量子领域再次采用了一种非常高效的简记法，能轻易地表示n-量子比特寄存器的状态，并在量子计算和量子算法中，凭借这种强大的简记符号系统，卓有成效地表达其中的复杂关系。

这就是在狄拉克符号下，量子状态的张量积简记法：

$$
|\psi\rangle \otimes |\phi\rangle \overset{\text{def}}{=} |\psi\rangle|\phi\rangle \overset{\text{def}}{=} |\psi, \phi\rangle \overset{\text{def}}{=} |\psi\phi\rangle。 \tag{1.9}
$$

其中，$\overset{\text{def}}{=}$在这里表示“简记为”。只要在语境中无歧义，都会大量使用这一组简记法。此简记法可以递归地使用，从而适合于任意多个状态向量的张量积，如$|\psi_1\rangle \otimes |\psi_2\rangle \otimes |\psi_3\rangle \overset{\text{def}}{=} |\psi_1\psi_2\psi_3\rangle$。

但需注意，张量积的这个简记法只适用于向量，不适用于空间和变换。例如，两个空间的张量积$\mathcal{H}_2 \otimes \mathcal{H}_2 = \mathcal{H}_2^{\otimes 2}$不能简写成$\mathcal{H}_2\mathcal{H}_2$或者$\mathcal{H}_2^2$，因为$\mathcal{H}_2\mathcal{H}_2$的意思不明，而$\mathcal{H}_2^2 = \mathcal{H}_2 \times \mathcal{H}_2$则是笛卡尔积，与$\mathcal{H}_2^{\otimes 2}$的维数都不同；至于两个线性变换的张量积$L_1 \otimes L_2$，也不能写成$L_1L_2$，因为$L_1L_2$可作复合变换$L_1 \circ L_2$的简写，就不能作张量积的简写。可以说，$L_1 \otimes L_2$代表的是变

换的“并联”关系，而$L_1 \circ L_2$或L_1L_2代表的则是变换的“串联”关系，详见2.1.2小节。

采用状态的张量积简记法有3个缘由：一是状态的张量积在量子计算领域出现太频繁，因而需要简记，否则就太烦琐了；二是张量积的双线性显示它与普通乘积相似，故就像人们已经熟悉的普通乘法简记$a \times b \stackrel{\text{def}}{=} a \cdot b \stackrel{\text{def}}{=} ab$一样自然；三是使得基态本身的表达非常方便，从而不仅使得复合系统状态的基态叠加式很容易写出，而且在量子算法的推导和分析中发挥了不可或缺的作用。

下面阐述基态的编码和一般量子寄存器状态的基态叠加式。

还是先考虑两个量子比特的情况。这时，系统的规范正交基由4个基态组成，具体为

$$\{|0\rangle \otimes |0\rangle, |0\rangle \otimes |1\rangle, |1\rangle \otimes |0\rangle, |1\rangle \otimes |1\rangle\},$$

采用简记法就是

$$\{|00\rangle, |01\rangle, |10\rangle, |11\rangle\}。$$

因此，2-量子比特寄存器状态的基态叠加式为

$$|\psi\rangle = c_{00}|00\rangle + c_{01}|01\rangle + c_{10}|10\rangle + c_{11}|11\rangle。\tag{1.10}$$

另一方面，也可对2-量子比特寄存器状态空间的4个基态，即$|0\rangle \otimes |0\rangle$，$|0\rangle \otimes |1\rangle$，$|1\rangle \otimes |0\rangle$，$|1\rangle \otimes |1\rangle$，依次编号，写成$|0\rangle$，$|1\rangle$，$|2\rangle$，$|3\rangle$，这对狄拉克符号而言毫无困难。因此，寄存器状态又常常写成

$$|\psi\rangle = c_0|0\rangle + c_1|1\rangle + c_2|2\rangle + c_3|3\rangle。\tag{1.11}$$

对比式(1.10)和式(1.11)可知，前者虽然是由简记法自然得到的，但正好是对基态的一个二进制编码；而后者虽然是用了十进制重新编号，但与前者一一对应。

关键是，式(1.10)和式(1.11)这两个表达式，可直接推广到一般的n-量子比特寄存器状态向量。因此，有下面两种相应常见表达式，分别是二进制基态编码和十进制基态编码下系统状态的基态叠加式：

$$|\psi\rangle = \sum_{x \in \mathbb{B}^n} c_x|x\rangle,\tag{1.12}$$

$$|\psi\rangle = \sum_{i=0}^{N-1} c_i|i\rangle = \sum_{i=0}^{2^n-1} c_i|i\rangle。 \tag{1.13}$$

其中，$N = 2^n$是n-量子比特寄存器状态空间的维数。这两个表达式在量子计算和算法中都十分有用。其中，二进制编码的式(1.12)，在量子计算和算法分析推导中，有时更有其难以替代的重要作用。对式(1.12)和式(1.13)分别用$\langle x|$和$\langle i|$做内积就可将其中的坐标c_x和c_i显式地求出来，从而得到

$$|\psi\rangle = \sum_{x\in\mathbb{B}^n} \langle x|\psi\rangle|x\rangle, \tag{1.14}$$

$$|\psi\rangle = \sum_{i=0}^{N-1} \langle i|\psi\rangle|i\rangle = \sum_{i=0}^{2^n-1} \langle i|\psi\rangle|i\rangle。 \tag{1.15}$$

唯一需要注意的是，由于对单个量子位系统而言，基态无论用二进制编码还是十进制编码都是$|0\rangle$，$|1\rangle$。因此，当用十进制对两个量子位及以上的系统进行基态编号时，开头两个基态的编号总会与单个比特的基态编号重叠。例如，两个量子位的系统，4 个基态按十进制编号就是$|0\rangle$，$|1\rangle$，$|2\rangle$，$|3\rangle$。可知，前面两个$|0\rangle$，$|1\rangle$就与单量子比特系统中的$|0\rangle$，$|1\rangle$重叠了；若按二进制编码，前面两个则是$|00\rangle$，$|01\rangle$，没有歧义。可见，按二进制编码不会出现这个问题。因此，在需要区分的场合，应采用二进制编码。

第 2 章　量子算法

把计算机器的算力提高 1 亿倍，如从每秒亿次提高到每秒亿亿次，也并不一定意味着在算法层面上有多大的变化。量子计算机要创造的算力提升，还不是亿这样的倍数可以涵盖的，但它带来了算法层面的质变。那样强大的量子计算机，要说它本质上并不能直接计算$1 + 1 = 2$，这是难以置信的；但事实就是如此，它像是想要比这输出更多，否则就不干。也可以说，量子计算机似乎天然就不是为着这种“小问题”而生的，它有着全然不同的计算模式，因此在算法层面，就与传统计算完全不是一个概念。

2.1　量子计算概要

量子计算本质上可以刻画为对n-量子位寄存器状态实施酉变换，然后对变换之后的状态进行测量，得到计算结果。具体地，设$|\psi\rangle$为n-量子位寄存器的状态，量子计算的本质大致可刻画为由以下 3 个环节构成的过程：

①初态设置。即把$|\psi\rangle$设置为某个初态$|\psi_0\rangle$，通常$|\psi_0\rangle$是量子寄存器状态空间的某个特征态，也就是规范正交基的一个基向量，如$|\psi_0\rangle = |0^n\rangle$。

②状态变换。就是用酉算子把$|\psi\rangle$由初态$|\psi_0\rangle$变换到所需的终态$|\psi_k\rangle$。这个步骤可由一系列酉算子组成，但总体仍为一个酉算子，设为U，故整个环节就是$U|\psi_0\rangle = |\psi_k\rangle$。这是量子计算的主体。

③测量。对系统的终态$|\psi_k\rangle$进行测量，系统将按给定的规范正交基和状态$|\psi_k\rangle$本身所决定的概率分布坍缩到一个基态，就是测量结果。算法设计通常使得预期出现的基态应具有足够大的概率。这表明了量子计算的概率性，关于这一点将在后续各节中结合具体的量子算法进一步阐明。

对于通用量子计算机而言，第二个环节中的酉算子U是由一系列标准的基本单元构成，这些单元就是量子门。反过来说，由一系列量子门构成的量子线路就是代表算法的酉算子U的实现。

2.1.1　量子门

量子门也称量子逻辑门，是通用量子计算机的基本构件，其地位相当于传统计算机中的逻辑门。量子线路是量子计算模型中最常用的一种，它是由量子门连接而成的结构。

常见的量子门总结在表 2.1 中。

表 2.1　常用量子门

名称和作用	变换（对基态）	变换矩阵	图符
阿达马门H：$\|0\rangle$和$\|1\rangle$变成等概率，仅相对相位不同。极常用	$H\|x\rangle=\frac{1}{\sqrt{2}}\|0\rangle+(-1)^x\frac{1}{\sqrt{2}}\|1\rangle$ $H\|0\rangle\stackrel{\text{def}}{=}\|+\rangle=\frac{1}{\sqrt{2}}\|0\rangle+\frac{1}{\sqrt{2}}\|1\rangle$ $H\|1\rangle\stackrel{\text{def}}{=}\|-\rangle=\frac{1}{\sqrt{2}}\|0\rangle-\frac{1}{\sqrt{2}}\|1\rangle$	$\frac{1}{\sqrt{2}}\begin{bmatrix}1&1\\1&-1\end{bmatrix}$	H
非门=泡利-X门：取反，即$\|0\rangle$和$\|1\rangle$互变	$\text{NOT}\|x\rangle=X\|x\rangle=\|1\oplus x\rangle=\|\neg x\rangle$ $X\|0\rangle=\|1\rangle,X\|1\rangle=\|0\rangle$	$\begin{bmatrix}0&1\\1&0\end{bmatrix}$	$\oplus$ X
泡利-Y门：$\|0\rangle$和$\|1\rangle$互变且分别相移$\pm\pi/2$	$Y\|x\rangle=(-1)^x\mathrm{i}\|1\oplus x\rangle=(-1)^x\mathrm{i}\|\neg x\rangle$ $Y\|0\rangle=\mathrm{i}\|1\rangle,Y\|1\rangle=-\mathrm{i}\|0\rangle$	$\begin{bmatrix}0&-\mathrm{i}\\\mathrm{i}&0\end{bmatrix}$	Y
泡利-Z门：$\|0\rangle$不变$\|1\rangle$反相	$Z\|x\rangle=(-1)^x\|x\rangle$ $Z\|0\rangle=\|0\rangle,Z\|1\rangle=-\|1\rangle$	$\begin{bmatrix}1&0\\0&-1\end{bmatrix}$	Z
相移门R_θ：$\|0\rangle$不变$\|1\rangle$相移θ	$R_\theta\|x\rangle=\mathrm{e}^{\mathrm{i}x\theta}\|x\rangle$ $R_\theta\|0\rangle=\|0\rangle,R_\theta\|1\rangle=\mathrm{e}^{\mathrm{i}\theta}\|1\rangle$	$\begin{bmatrix}1&0\\0&\mathrm{e}^{\mathrm{i}\theta}\end{bmatrix}$	R_θ
相位门S：$\|0\rangle$不变$\|1\rangle$相移$\pi/2$	$S=R_{\pi/2}$ $S\|0\rangle=\|0\rangle,S\|1\rangle=\mathrm{i}\|1\rangle$	$\begin{bmatrix}1&0\\0&\mathrm{i}\end{bmatrix}$	S
$\pi/8$门T：$\|0\rangle$不变$\|1\rangle$相移$\pi/4$	$T=R_{\pi/4}$ $T\|0\rangle=\|0\rangle,T\|1\rangle=\mathrm{e}^{\mathrm{i}\pi/4}\|1\rangle$	$\begin{bmatrix}1&0\\0&\mathrm{e}^{\mathrm{i}\pi/4}\end{bmatrix}$	T

续表

名称和作用	变换（对基态）	变换矩阵	图符
交换门 SWAP：两个量子位的状态交换	$\mathrm{SWAP}\lvert xy\rangle=\lvert yx\rangle$ $\mathrm{SWAP}\lvert 00\rangle=\lvert 00\rangle$ $\mathrm{SWAP}\lvert 01\rangle=\lvert 10\rangle$ $\mathrm{SWAP}\lvert 10\rangle=\lvert 01\rangle$ $\mathrm{SWAP}\lvert 11\rangle=\lvert 11\rangle$	$\begin{bmatrix}1&0&0&0\\0&0&1&0\\0&1&0&0\\0&0&0&1\end{bmatrix}$	
受控非门 CNOT：首位为控制位不变；首位为$\lvert 0\rangle$时末位不变，$\lvert 1\rangle$时末位取反	$\mathrm{CNOT}\lvert x,y\rangle=\lvert x,x\oplus y\rangle$ $\mathrm{CNOT}\lvert 0,y\rangle=\lvert 0,y\rangle$ $\mathrm{CNOT}\lvert 1,y\rangle=\lvert 1,1\oplus y\rangle=\lvert 1,\neg y\rangle$	$\begin{bmatrix}1&0&0&0\\0&1&0&0\\0&0&0&1\\0&0&1&0\end{bmatrix}=\begin{bmatrix}I&O\\O&X\end{bmatrix}$	
受控U门C(U)：首位为控制位不变；首位为$\lvert 0\rangle$时末位不变，$\lvert 1\rangle$时末位U变换	$\mathrm{C}(U)\lvert x\rangle\lvert y\rangle=\lvert x\rangle U^{x}\lvert y\rangle$ $\mathrm{C}(U)\lvert 0\rangle\lvert y\rangle=\lvert 0\rangle\lvert y\rangle$ $\mathrm{C}(U)\lvert 1\rangle\lvert y\rangle=\lvert 1\rangle U\lvert y\rangle$	$\begin{bmatrix}I&O\\O&U\end{bmatrix}$	U
托佛利门 CCNOT：前两位为控制位不变；仅当前两位同为$\lvert 1\rangle$时末位变为取反	$\mathrm{CCNOT}\lvert x,y,z\rangle=\lvert x,y,x\wedge y\oplus z\rangle$ $\mathrm{CCNOT}\lvert 0,y,z\rangle=\lvert 0,y,z\rangle$ $\mathrm{CCNOT}\lvert x,0,z\rangle=\lvert x,0,z\rangle$ $\mathrm{CCNOT}\lvert 1,1,z\rangle=\lvert 1,1,1\oplus z\rangle$ $=\lvert 1,1,\neg z\rangle$	$\begin{bmatrix}I&O&O&O\\O&I&O&O\\O&O&I&O\\O&O&O&X\end{bmatrix}$	
n-量子位：线上为n个量子比特			n
测量：双线代表普通比特			

注：1. 非门=泡利-X门，图符“$\oplus$”和“$\boxed{X}$”均可，前者与 CNOT 和 CCNOT 的图符更兼容，后者字母X可兼作其变换矩阵名。

2. 相移门R_θ代表一族量子门，有不可数个，实际量子计算机不可能全实现，一般考虑使用的为$T=R_{\pi/4}$，$S=R_{\pi/2}$，以及R_π =泡利-Z门。由于某历史原因$T=R_{\pi/4}$称π/8门，这容易导致误解，因此可选择不用这个称谓。

3. 表中所有门都是酉算子，并且除相移门和受控U门外，都同时也是自伴算子，因而也是对合算子，故相应变换矩阵——用G代表——同时是酉矩阵、埃尔米特矩阵、对合矩阵，因此满足$G^\dagger=G=G^{-1}$。

练习 2.1 说明相移门的变换矩阵一般不是埃尔米特矩阵，也不是对合矩阵。

练习 2.2 说明受控U门的变换矩阵是埃尔米特矩阵的充要条件为：U是埃尔米特矩阵。

每个量子门的变换矩阵可根据量子门算子对基态即规范正交基向量的变换得到。以托佛利门即CCNOT为例，CCNOT对基态的作用是

$$|x,y,z\rangle \xrightarrow{\text{CCNOT}} |x,y,x\wedge y\oplus z\rangle,$$

由此可得

$$(|000\rangle,|001\rangle,|010\rangle,|011\rangle,|100\rangle,|101\rangle,|110\rangle,|111\rangle)\mapsto$$
$$(|000\rangle,|001\rangle,|010\rangle,|011\rangle,|100\rangle,|101\rangle,|111\rangle,|110\rangle),$$

按照 1.3.1 小节中的方法，第i个基态变换之后的坐标向量，就是变换矩阵的第i个列向量，由此可写出托佛利门的变换矩阵为

$$\text{CCNOT}=\begin{bmatrix}1&0&0&0&0&0&0&0\\0&1&0&0&0&0&0&0\\0&0&1&0&0&0&0&0\\0&0&0&1&0&0&0&0\\0&0&0&0&1&0&0&0\\0&0&0&0&0&1&0&0\\0&0&0&0&0&0&0&1\\0&0&0&0&0&0&1&0\end{bmatrix}$$
$$=\begin{bmatrix}I&O&O&O\\O&I&O&O\\O&O&I&O\\O&O&O&X\end{bmatrix}。$$

其中，I和O分别是 2 阶单位矩阵和零矩阵，X是泡利-X门即非门的变换矩阵。

2.1.2　量子线路及通用量子门

量子线路是最常用的通用量子计算模型。它代表用一系列量子门实现量子计算。

量子计算总体上可视为一个大的酉算子，而这个酉算子是由一系列量子门组成的量子线路实现的。因此，首先一个基本的问题就是，由量子门——本身都是酉算子——组成的量子线路是否也是酉算子。下面稍加分析。

从上一小节中可知，量子门作为基本的量子计算单元对少量的量子位（主要是 1 至 3 位）进行酉变换。粗略地，量子门组成量子线路的方式主要有两种：一种是“并联”的方式；另一种是“串联”的方式。

考虑两个量子门。“并联”的方式就是同时分别对系统的不同量子位

或不同组量子位进行变换，而“串联”的方式就是先后对同一个或同一组量子位进行变换。具体地，设有量子门G_1和G_2，并且假定两个符号也分别代表它们的酉算子或酉矩阵，二者的“并联”和“串联”解释如下：

两个量子门“并联”，意思是二者分别对各自的量子位——设分别是$|\psi_1\rangle$和$|\psi_2\rangle$——进行变换，故总体上就相当于用了$G_1 \otimes G_2$对$|\psi_1\rangle \otimes |\psi_2\rangle$进行变换，因为$(G_1|\psi_1\rangle) \otimes (G_2|\psi_2\rangle) = (G_1 \otimes G_2)(|\psi_1\rangle \otimes |\psi_2\rangle)$。由于$G_1$和$G_2$都是酉算子，故$G_1 \otimes G_2$也是酉算子。可见，“并联”的本质是由张量积主宰，而张量积保持“酉性”没问题。

两个量子门“串联”的意思是，两个酉算子G_1和G_2先后实施变换，等效于总体变换为$G_2 \circ G_1$，或简写为G_2G_1，如$G_2(G_1|\psi\rangle) = (G_2G_1)|\psi\rangle$。同样，由于$G_1$和$G_2$都是酉算子，故复合算子$G_2G_1$也是酉算子。可见，“串联”的本质是复合变换或矩阵的普通乘积主宰，而普通乘积保持“酉性”也没问题。

此处的论证引用了 1.3 节中阐述的结果。由此可递归地说明，由一系列量子门构造的量子线路总体上确实是酉算子。图 2.1 是一个简单量子线路示例。其中，含有一对非门、一对托佛利门和一个受控非门。它实现的是什么样的具体变换，将在 2.3.2 小节中看到。

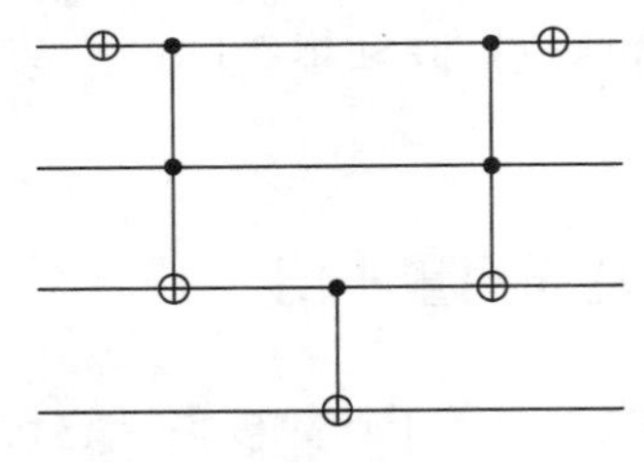

图 2.1　量子线路示例

上述解决了由一系列量子门构成的量子线路是否仍是酉算子这一问题，答案是肯定的。反过来，还有一个重要问题，就是代表量子计算的酉算子是否都能由量子门组合实现？确切地，给定任意一酉算子，能否由有限个量子门组合实现？这就涉及量子门的“通用性”问题。

在逻辑领域，逻辑运算集合{NOT, AND, OR}可表示任意布尔函数，被称为函数完备的，而{NAND}或{NOR}（加上必要的0，1辅助位）由于能表示

{NOT, AND, OR}中的任何一个，故也具有函数完备性。在传统计算机领域，由于单个逻辑门{NAND}或{NOR}就能实现其他逻辑门，有时被称为“通用门”。

存在“量子计算通用门”吗？在常用量子门中，相移门R_θ和受控U门$\mathrm{C}(U)$虽然代表无数种量子门，但现实中只能采用有限多种；其他量子门则是一种就是一种。因此，有限个量子门组成的量子线路总数是可数的。但是，酉算子或酉矩阵的数量则是不可数的，因此结论是，用有限个量子门实现任意给定的酉算子是不可能的。可见，量子计算中，不存在平行于传统“函数完备逻辑门集”的“完备量子门集”，更不存在单个“量子计算通用门”。不过人们发现，如果考虑酉算子的逼近而不是精确实现，那么，用几种量子门就可高效地逼近任意给定酉矩阵（Nielsen et al，2010），这是一个相当好的情况。在这个意义下，“通用量子门”是指几种量子门的集合，仅用该集合中的几种量子门构造有限量子线路，就能以任意精度逼近任意给定的酉矩阵。例如，$\{H, R_{\pi/4}, \mathrm{CNOT}\}$就是一组通用量子门，而$\{H, S, R_{\pi/4}, \mathrm{CNOT}\}$更是通用的，虽然因为增加了$S = R_{\pi/4}^2$而出现冗余，但这样做的原因是后者能以容错的方式实现（Nielsen et al，2010）。

虽然量子计算不存在真正意义上的“通用量子门”，但对于实现可归结到布尔函数的传统计算而言，量子门则是绰绰有余的。例如，用量子托佛利门（加辅助位$|1\rangle$）就能轻易实现NAND这个传统计算通用门：

$$|x, y, 1\rangle \xrightarrow{\mathrm{CCNOT}} |x, y, x \wedge y \oplus 1\rangle = |x, y, \neg(x \wedge y)\rangle。$$

当然这里还需要考虑一个扇出的问题。由于量子状态的不可复制性，使得量子线路中一条线上的量子比特不能随意“分出”两个或以上相同状态的量子比特来。不过，扇出本身也可用量子门实现，用托佛利门和受控非门都可以办到。用托佛利门实现扇出就是（加辅助位$|1\rangle$和$|0\rangle$）

$$|x\rangle|1\rangle|0\rangle \xrightarrow{\mathrm{CCNOT}} |x\rangle|1\rangle|x\rangle,$$

而用受控非门实现就是（加辅助位$|0\rangle$）

$$|x\rangle|0\rangle \xrightarrow{\mathrm{CNOT}} |x\rangle|x\rangle。$$

有了由量子门借辅助位实现的NAND和扇出，量子线路完全覆盖传统计算，即量子计算机的能力完全覆盖传统计算机的能力。

2.1.3 量子门常用结果

本小节中关于量子门变换的一些结果，在后续量子算法的分析推演中，非常有用。

设$\mathbb{B} \stackrel{\text{def}}{=} \{0,1\}$是布尔域，$\mathbb{B}^n$是$n$个布尔域的笛卡尔积，代表$n$-维布尔向量或长度为$n$的所有二进制字串的集合。

（1）异或运算

量子门相关演算中，异或运算用得很多，因此，这里列出有关基本性质和常用结果。

对任意$x,y,z \in \mathbb{B}$，有：

①$x \oplus y \equiv x + y \pmod 2 \in \mathbb{B}$。在$\mathbb{B}$中，异或等同于模 2 加，且$\mathbb{B}$在异或下封闭。

②$x \oplus y = y \oplus x$，$(x \oplus y) \oplus z = x \oplus (y \oplus z)$。满足交换律和结合律。

③ $x \wedge (y \oplus z) = x \wedge y \oplus x \wedge z$。满足合取对异或的分配律。由此可得$(y \oplus z) \wedge x = x \wedge (y \oplus z) = x \wedge y \oplus x \wedge z = y \wedge x \oplus z \wedge x$。

④$0 \oplus x = x$，$x \oplus x = 0$。恒等律和归零律。

⑤$1 \oplus x = \neg x$，$1 \oplus x \oplus y = \neg x \oplus y = x \oplus 1 \oplus y = x \oplus \neg y$。这个性质可推广到任意多个布尔变量。

⑥$x \oplus z = y \oplus z \Leftrightarrow x = y$。因为$(x \oplus z) \oplus z = x \oplus 0 = x$，$(y \oplus z) \oplus z = y \oplus 0 = y$。

⑦$(-1)^{x \oplus y} = (-1)^x(-1)^y$。逐一验证 4 种取值组合即可证明。这也可推广到任意多个布尔变量。

（2）量子门之间的关系

①$HXH = Z$，并由此可得$HZH = X$；$XZ = -ZX$，并由此可得$XZX = -Z$，$ZXZ = -X$。

②$\mathrm{C}(\mathrm{e}^{\mathrm{i}\theta}I) = R_\theta \otimes I$，即$\mathrm{C}(\mathrm{e}^{\mathrm{i}\theta}I)|x\rangle|y\rangle = (R_\theta|x\rangle)|y\rangle$。

③$\mathrm{C}(Z) = Z \otimes I$。这是上一条的特例。

④$\mathrm{C}(Z)_{(c,t)} = \mathrm{C}(Z)_{(t,c)}$。下标如$(c,t)$中，$c$表示控制位，$t$表示目标位。下同。

⑤$(X \otimes I)\mathrm{CNOT}_{(c,t)}(X \otimes I) = \mathrm{CNOT}_{(\neg c,t)}$。

⑥$H^{\otimes 2}\mathrm{CNOT}_{(c,t)}H^{\otimes 2} = \mathrm{CNOT}_{(t,c)}$。

这些结果都不难证明（Nielsen et al，2010），可由下面的练习体验。

练习 2.3　验证①中的$HXH = Z$，并由此推出$HZH = X$。

练习 2.4　验证①中的$XZ = -ZX$，并由此推出$XZX = -Z$，$ZXZ = -X$。

练习 2.5　证明②中的$\mathrm{C}(\mathrm{e}^{\mathrm{i}\theta}I) = R_\theta \otimes I$。

（3）量子寄存器状态

关于量子寄存器状态向量，下面的结果在后续各节的量子算法推导和分析中非常有用。

①$\forall x \in \mathbb{B}$,

$$|x\rangle - |1 \oplus x\rangle = (-1)^x(|0\rangle - |1\rangle)。$$

穷举$x = 0$ 和$x = 1$即可证明。

②设$x_i, y_i \in \mathbb{B}, x = x_1x_2\cdots x_n \in \mathbb{B}^n, y = y_1y_2\cdots y_n \in \mathbb{B}^n$, x和y的点积定义为

$$x \cdot y \stackrel{\text{def}}{=} x_1y_1 \oplus x_2y_2 \oplus \cdots \oplus x_ny_n,$$

则

$$\begin{aligned} H^{\otimes n}|x\rangle = H^{\otimes n}|x_1x_2\cdots x_n\rangle &= \otimes_{i=1}^{n} H|x_i\rangle \\ &= \frac{1}{\sqrt{2^n}}\sum_{y\in\mathbb{B}^n}(-1)^{x\cdot y}|y\rangle。\end{aligned} \tag{2.1}$$

证明（归纳法）　首先$H|x_i\rangle = \frac{1}{\sqrt{2}}(|0\rangle + (-1)^{x_i}|1\rangle)$，所以只需证$\otimes_{i=1}^{n}(|0\rangle + (-1)^{x_i}|1\rangle) = \sum_{y\in\mathbb{B}^n}(-1)^{x\cdot y}|y\rangle$。用归纳法。$n = 1$时，$|0\rangle + (-1)^{x_1}|1\rangle = (-1)^{x_1\cdot 0}|0\rangle + (-1)^{x_1\cdot 1}|1\rangle = \sum_{y\in\mathbb{B}^1}(-1)^{x\cdot y}|y\rangle$，成立。假定$n = k$时成立，即$\otimes_{i=1}^{k}(|0\rangle + (-1)^{x_i}|1\rangle) = \sum_{y\in\mathbb{B}^k}(-1)^{x\cdot y}|y\rangle$。那么，$n = k + 1$时：

$$\begin{aligned} \otimes_{i=1}^{k+1}(|0\rangle + (-1)^{x_i}|1\rangle) &= \left(\otimes_{i=1}^{k}(|0\rangle + (-1)^{x_i}|1\rangle)\right) \otimes (|0\rangle + (-1)^{x_{k+1}}|1\rangle) \\ &= \left(\sum_{y\in\mathbb{B}^k}(-1)^{x\cdot y}|y\rangle\right) \otimes (|0\rangle + (-1)^{x_{k+1}}|1\rangle) \\ &= \sum_{y\in\mathbb{B}^k}(-1)^{x\cdot y}|y\rangle \otimes (|0\rangle + (-1)^{x_{k+1}}|1\rangle) \end{aligned}$$

$$
\begin{aligned}
&= \sum_{y\in\mathbb{B}^k} \left((-1)^{x\cdot y}|y\rangle \otimes |0\rangle + (-1)^{x\cdot y}(-1)^{x_{k+1}}|y\rangle \otimes |1\rangle\right) \\
&= \sum_{y\in\mathbb{B}^k} \left((-1)^{x\cdot y\oplus x_{k+1}\cdot 0}|y\rangle \otimes |0\rangle + (-1)^{x\cdot y\oplus x_{k+1}\cdot 1}|y\rangle \otimes |1\rangle\right) \\
&= \sum_{y\in\mathbb{B}^k} \left((-1)^{x\cdot y\oplus x_{k+1}\cdot 0}|y\rangle|0\rangle + (-1)^{x\cdot y\oplus x_{k+1}\cdot 1}|y\rangle|1\rangle\right) \\
&= \sum_{y\in\mathbb{B}^{k+1}} (-1)^{x\cdot y}|y\rangle\text{。}\blacksquare
\end{aligned}
$$

③上面②的一个重要特殊情况是$|x\rangle = |0^n\rangle$，$x \cdot y = 0$，$H^{\otimes n}|x\rangle = \frac{1}{\sqrt{2^n}}\sum_{x\in\mathbb{B}^n}|x\rangle$，即

$$
\begin{aligned}
H^{\otimes n}|0\rangle^{\otimes n} &= (H|0\rangle)^{\otimes n} \\
&= \frac{1}{\sqrt{2^n}}(|0\rangle + |1\rangle)^{\otimes n} \\
&= \frac{1}{\sqrt{2^n}}\sum_{x\in\mathbb{B}^n}|x\rangle\text{。} \qquad (2.2)
\end{aligned}
$$

这个结果很常用，量子算法常对初态$|0\rangle^{\otimes n} = |0^n\rangle$实施阿达马变换，使得每个基态概率均匀分布，就是这个结果。

这些结果将为后续量子算法的推导分析提供坚实基础。

2.2　量子算法和量子黑箱的实现

量子算法中的酉算子最终需要由量子门组成的量子线路来实现，这与算法针对的计算问题类有关，但与问题的实例无关；也就是说，对所解问题类而言，量子算法是通用的，代表算法本身的酉算子是通用的。这是一个层面。

另一个层面，问题的实例，即一个具体的问题，本身也需要用酉算子表示出来，才能进入量子计算系统，故也需要由量子门组成的量子线路来实现。由于算法对问题类的通用性，因此不关心问题实例的实现，而把它当作一个黑箱。而对算法的应用而言，则必须让“黑箱”变成“白箱”。

但不管在哪个层面，量子线路实现都有一个共同的核心任务，就是函数

的实现，因为任何计算问题，都可以在不同层面上用函数来刻画。

计算问题千差万别，但无论是判定问题、函数问题还是优化问题，都可以统一抽象为输入若干数据，经过计算，输出若干数据。无论输入、输出的数据各有多少，无论规模多么大，都可以抽象为一个函数$F(X)=Y$。其中，X代表问题类的任一实例，是计算的输入；Y代表问题的解，是计算的输出；而F就代表计算。这是一个总的图景，最高层次。

而在一个计算问题的内部，常常包含若干特定的函数计算，如$f(x)=y$。任何这样的函数本身，也可看成把输入数据映射到输出数据。其中，x是输入数据，y是输出数据。这是在较低层面上发生的事情。

无论在什么层面，任何数据都可通过二进制编码为比特串。因此，无论哪个层面上的函数，都可统一抽象为从比特串到比特串的映射。换言之，可统一只考虑把比特串映射到比特串的函数。因此，需要关注的就是这种函数的计算。

2.2.1　计算问题与布尔函数

（1）计算问题

不论采用传统计算机还是量子计算机，人们面临的计算问题在本质上是不会改变的，因为问题的本源就在现实世界之中。

计算问题可分为判定问题、函数问题，还有优化问题几大类。判定问题就是要对输入进行判断，给出“是”或“否”的输出。函数问题则需要求出一个结果，该结果不是二选一的，而是 3 个或以上可能中的一个。优化问题则要求在给定的约束和好坏准则之下，找出最优解。

判定问题的一个特殊子类是承诺问题。简单地说，承诺问题就是承诺输入数据为某种特殊情况而非一般情况。例如，判定一个布尔函数是否是“均衡的”。一般判定问题不对作为输入的布尔函数做任何假定，而在 Deutsch-Jozsa 算法中，则假定待判定的布尔函数，要么是均衡的，要么是恒值的，即承诺输入的函数只有这两种情况，不会出现既非均衡又非恒值的情况，这就是承诺问题。

函数问题的子类很多。计数问题、搜索问题和排序问题都是函数问题中常见的重要子类。但除此之外，还有大量的各种具体的函数问题，难以穷尽。因此，函数问题的涵盖面最广。而优化问题，由于输出结果并非二选一，实质上也是函数问题的子类，但由于它的复杂性与一般函数问题相比多有质变，故宜单列一类。

无论什么样的计算问题，都可抽象地统一到“函数”这个概念上来，因为都可视为输入数据到输出数据的函数，而任何数据都可用二进制编码成比特串，所以需要统一考虑的就是这样一个函数

$$f: \mathbb{B}^n \to \mathbb{B}^m,$$

即**多元向量值布尔函数**。它表示输入是长度为n的二进制字串（即比特串）、输出是长度为m的二进制字串。

这就是计算问题的通用模型，可涵盖一切。值得注意的是，这个通用模型提供了一种统一分析工具，但并不意味着要用于具体的实现，给定场合下应分清所在层面是什么情况，并根据具体情况做出适当的决定。这就好比图灵机是通用计算模型，但并非是直接用于计算机实现的结构。例如，Deutsch-Jozsa 算法的输入本身是一个n-元布尔函数$f: \mathbb{B}^n \to \mathbb{B}$，这样的布尔函数共有$\left|\mathbb{B}^{\mathbb{B}^n}\right| = 2^{2^n}$个，那么，假若按照计算问题的通用模型，表示输入数据所需的比特串长度为2^{n+1}而不是n，这就天然地出现了指数复杂度。因此，这种情形下不会采用通用模型的做法，而是针对作为输入的特定布尔函数进行实现。而这种实现就是用逻辑门来搭建的，无论是传统计算中的逻辑门，还是量子计算中的量子门。实现一个布尔函数所需资源即传统逻辑门或量子门的数量，除了与变量数n有关，还与函数结构的复杂度有关。例如，合取范式 CNF 中的子句数量m，通常需假定m是以n的多项式为界的。在通用量子计算中，量子线路的复杂度可由量子寄存器的大小（即量子位数）和线路深度来表示。

总之，无论是传统计算机还是量子计算机，都会涉及如何实现一个布尔函数的问题。下面首先对布尔函数本身这个基础的对象略加阐明。

（2）布尔函数

最一般的是多元向量值布尔函数，即$f: \mathbb{B}^n \to \mathbb{B}^m$，这在前面已经提到。

因为它不过是由m个n-元布尔函数$f_i: \mathbb{B}^n \to \mathbb{B}\ (i = 1, \dots, m)$组成的，所以只需弄清一个$n$-元布尔函数即可。一个***n*-元布尔函数**定义为

$$f: \mathbb{B}^n \to \mathbb{B}。$$

现在要弄清其结构，所需的一个核心概念就是逻辑中的“函数完备性”，前面已有所提及。

逻辑中的**函数完备性**是指：如果$\mathbb{B}$上的运算的一个集合$\Omega = \{\omega_i: \mathbb{B}^{n_i} \to \mathbb{B} \mid i = 1, \dots, k\}$能够实现所有布尔函数$f: \mathbb{B}^n \to \mathbb{B}$，则称这个运算集合$\Omega$是函数完备的。确切地说，就是试图通过有限次使用有限种运算来实现任一布尔函数。这是办得到的。现在首先阐明$\{\neg, \wedge, \vee\}$是函数完备的，采用下面的命题来表述。

命题 2.1　任何n-元布尔函数都能通过有限次使用$\{\neg, \wedge, \vee\}$中的运算表示。

证 明　设$f_n: \mathbb{B}^n \to \mathbb{B}$为一个$n$-元布尔函数，用归纳法证明$f_n(x_1, x_2, \dots, x_n)$可由变量$x_1, x_2, \dots, x_n$经有限次$\{\neg, \wedge, \vee\}$中的运算构成。当$n = 1$时，$f_1: \mathbb{B}^1 \to \mathbb{B}$，总共只有 4 种情况，分别为$f_1(x_1) = x_1 \wedge \neg x_1 \equiv 0$，$f_1(x_1) = x_1 \vee \neg x_1 \equiv 1$，$f_1(x_1) = x_1$，$f_1(x_1) = \neg x_1$，可见命题成立。假定$n = k \geq 1$时命题成立，那么当$n = k + 1$时，对$x_{k+1} = 0$和$x_{k+1} = 1$两种情况列出$f_{k+1}(x_1, x_2, \dots, x_k, x_{k+1})$对应的可能值 0 或 1，综合起来可得$f_{k+1}(x_1, x_2, \dots, x_k, x_{k+1}) \equiv \neg x_{k+1} \wedge f_k(x_1, x_2, \dots, x_k, 0) \vee x_{k+1} \wedge f_{k+1}(x_1, x_2, \dots, x_k, 1)$。其中，$0 = x_1 \wedge \neg x_1, 1 = x_1 \vee \neg x_1$。可见，此时命题也成立。■

说明：如果运算集$\{\neg, \wedge, \vee\}$改为$\{\neg, \wedge, \vee, 0\}$或$\{\neg, \wedge, \vee, 1\}$或$\{\neg, \wedge, \vee, 0, 1\}$，则证明中可从$f_0$开始。

运算集$\{\neg, \wedge, \vee\}$是一个基本的函数完备集，以此为准，容易找出其他的函数完备集。由德·摩根定律，合取与析取可通过否运算互相表达，因此，$\{\neg, \wedge\}$和$\{\neg, \vee\}$也是函数完备的。又由$\neg x = \neg(x \wedge 1)$和$\neg x = \neg(x \vee 0)$可知，$\{\text{NAND}, 1\}$和$\{\text{NOR}, 0\}$也是完备的，但注意加上辅助位才严格。

Deutsch-Jozsa 算法中涉及一种特殊的布尔函数，即均衡布尔函数，是指输出 0 和 1 的数量相等的布尔函数。具体而言，就是这样的布尔函

数$f\colon\mathbb{B}^n\to\mathbb{B}$，对一半即$\frac{2^n}{2}=2^{n-1}$个$x\in\mathbb{B}^n$，$f(x)=0$；而对另一半$x\in\mathbb{B}^n$，$f(x)=1$。此种函数在密码学中有用，因为对此函数随机抽样，可得$\{0,1\}$上的均匀概率分布，使得生成的随机位串难以用统计分析来获得信息。

练习 2.6 判断 2-元布尔函数$(x_1\vee\neg x_2)\wedge(\neg x_1\vee x_2)$是不是均衡的。

存在仅由少量几个逻辑运算组成的函数完备集，使得传统计算机能够由少量种类的逻辑门实现通用计算。对于量子计算机而言，因所有计算都是由酉算子体现，故必须考虑布尔函数的酉算子表示方法，这是下一小节的内容。

2.2.2 布尔函数的实现

这里所论的布尔函数实现，是指量子计算中的实现。那么，首先要考虑的是布尔函数如何用酉算子表示，然后还要考虑酉算子如何由量子门实现。

（1）函数的酉算子表示

量子计算的每个环节都是酉算子。酉算子首先是可逆的。可逆的一个必要条件，就是输出数据的维数必须等于输入数据的维数。

考虑函数

$$f\colon\mathbb{B}^n\to\mathbb{B}^m$$

的计算。首先将系统输出和输入的维数变为相同，方法就是各自增加额外的变量。在此基础上，还需考虑要使得变换至少是可逆的。量子计算中，常采用下面一种具有普遍意义的方法。

针对需要实现的函数$f\colon\mathbb{B}^n\to\mathbb{B}^m$，定义一个新的函数

$$F\colon\mathbb{B}^{n+m}\to\mathbb{B}^{m+n},$$
$$\forall(x,y)\in\mathbb{B}^n\times\mathbb{B}^m\ \ F(x,y)=\big(x,y\oplus f(x)\big)。$$

其中，异或运算$y\oplus f(x)$是逐位进行的。现在来看$F(x,y)$具有什么样的性质。首先

$$F\big(F(x,y)\big)=F\big(x,y\oplus f(x)\big)=\Big(x,\big(y\oplus f(x)\big)\oplus f(x)\Big)=(x,y)。$$

可见，F是一个对合函数，即$F\circ F=\mathrm{id}$。对合函数必可逆且它的逆就是自身，即$F^{-1}=F$。关于对合函数和对合算子，在 1.3.4 小节中已阐述。

将这种构造用于量子寄存器，有望得到代表需要实现的函数$f: \mathbb{B}^n \to \mathbb{B}^m$的酉算子。下面是相应的具体做法。

给定函数$f: \mathbb{B}^n \to \mathbb{B}^m$，对$n+m$位量子寄存器，定义线性算子$U_f$：

$$U_f|x, y\rangle = |x, y \oplus f(x)\rangle。 \tag{2.3}$$

同样，其中异或运算$y \oplus f(x)$是逐位进行的。由于

$$U_f U_f|x, y\rangle = U_f|x, y \oplus f(x)\rangle = |x, y \oplus f(x) \oplus f(x)\rangle = |x, y\rangle,$$

故$U_f U_f = I$，即U_f在集合$E = \{|x, y\rangle \mid x \in \mathbb{B}^n, y \in \mathbb{B}^m\}$上是对合算子，由于量子寄存器状态空间的规范正交基正是E，因而按 1.3.3 小节中的判别法，U_f在E上是对合的，必是整个系统量子状态空间上的酉算子。

同时，由于U_f同时是酉算子和对合算子，因此也必是自伴算子，其变换矩阵必满足$[U_f]^\dagger = [U_f] = [U_f]^{-1}$，通常可不区分变换和变换矩阵，省略方括号，就是${U_f}^\dagger = U_f = {U_f}^{-1}$。可见，得到的$U_f$是一个具有通用性的而且性质非常好的布尔函数酉算子表示。

（2）量子黑箱的实现

量子黑箱也称量子预言机，在量子计算中代表包含某个函数的黑箱，即不管其内部构造，只需知道可以通过黑箱所代表的变换获得该函数的值。具体而言，这里考虑的就是能计算$f: \mathbb{B}^n \to \mathbb{B}^m$的量子黑箱。

上面已经得到了一个很好的结果，就是为最具一般性的向量值多元布尔函数，$f: \mathbb{B}^n \to \mathbb{B}^m$，找到了一个具有通用性的性质很好的酉算子$U_f$表示。这是一个很好的框架，为最终用量子门来实现量子黑箱奠定了坚实基础。

下面来考虑如何用量子门来实现U_f，但采用自底向上的分析，即先不管U_f，而从布尔函数$f(x)$本身入手。

根据 2.1.2 小节和 2.2.1 小节所述的事实，托佛利门加以辅助位就能实现 NAND 以及扇出，因此，它具有实现任何布尔函数的通用性。尽管实际上不一定全部用托佛利门来实现一个布尔函数$f(x)$，因为加上其他门可能使得实现更简单、更有效，如受控非门实现扇出就比托佛利门更简洁；但无论如何起码$f(x)$的实现是有保障的。具体地，对于$f: \mathbb{B}^n \to \mathbb{B}^m$，使用若干量

子门加上辅助位，就能得到含有$f(x)$的量子线路

$$|x,a\rangle \xrightarrow{F} |g(x),f(x)\rangle。\tag{2.4}$$

其中，辅助位$a \in \mathbb{B}^k$是常量如$a = 011\cdots0$；而输出中的$g(x) \in \mathbb{B}^l$（$l+m=n+k$），是由量子门把x变换到$f(x)$的过程中产生的，它可能包含输入中的部分位元；但只要$g(x)$不是全由x和a的位元组成，那么，$g(x)$中就必定包含一些没用处的“垃圾”输出位。这个问题需要处理。先看另一方面，一个量子线路单元常常需要反复使用，就与传统计算中子程序需要反复调用的道理一样。因此，作为输入数据的$|x\rangle$以及辅助位$|a\rangle$在量子线路的输出端常常需要还原，以便下一步调用仍保持所需的输入值。要做到这一点就需要施行式(2.4)的逆变换。具体就是

$$|x,a\rangle \xrightarrow{F} |g(x),f(x)\rangle \xrightarrow{F^{-1}} |x,a\rangle。\tag{2.5}$$

可见，加上逆变换形成“镜像”态势的做法，既还原了系统状态，同时也解决了“垃圾”输出的问题。这就是所谓的“反算”（Bennett，1973；Aaronson et al，2015）。

采用了逆变换后$f(x)$已经不在量子线路的输出端上，所以要使用它则必须复制 1 份出来，即扇出。这只需用受控非门即可：

$$|f(x),y\rangle \xrightarrow{\text{CNOT}} |f(x),y\oplus f(x)\rangle。\tag{2.6}$$

可见，式(2.6)代表的量子线路输出端有了两个$f(x)$，原来有一个，复制了一个。综合式(2.5)和式(2.6)，可得到量子黑箱实现的构造，如图 2.2 所示。其中，CNOT 对$2\times m$量子位操作，是逐位进行的，故实际上用到了m个受控非门。

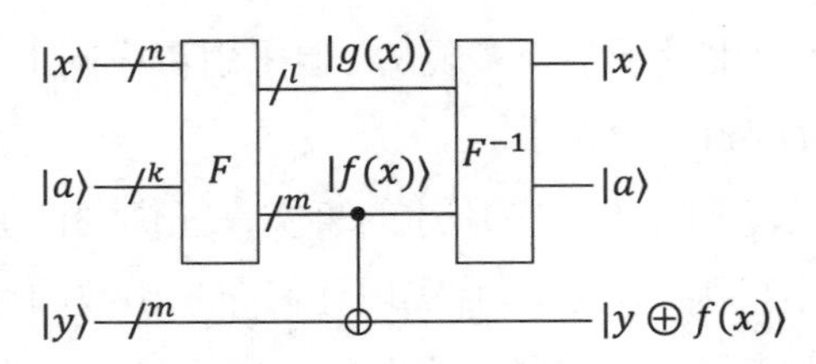

图 2.2　量子黑箱实现的内部构造

最终实现的变换为

$$|x,a,y\rangle \xrightarrow{U} |x,a,y\oplus f(x)\rangle。$$

由于辅助位a不是主体逻辑功能的一部分，并且也没发生变化，因此，逻辑上和算法上可以忽略，只写出实现了的主体逻辑功能：

$$|x,y\rangle \xrightarrow{U_f} |x,y\oplus f(x)\rangle。$$

这表明已经实现了所需量子黑箱U_f的功能，可用更简洁的示意图表示，如图 2.3 所示。其中，y实际上也属于辅助位，但与a所处的层面不同。

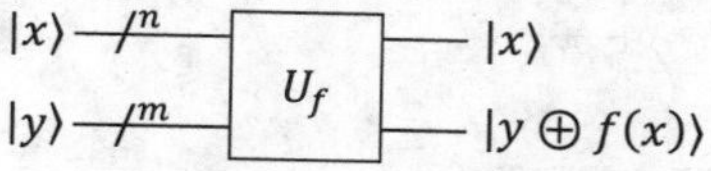

图 2.3　量子黑箱实现的外部功能

这就是量子黑箱U_f的实现方法，此方法与酉算子U_f本身的构造一样也具有通用性。

得到布尔函数$f(x)$的实现之后，将由算法决定怎么使用它。如在 Grover 算法中，$f(x)$被用来控制基态$|x\rangle$在匹配点的反相。

还有个细节值得考虑。对于辅助位y一般可以这样做，令$y=0^m$，则输出目标位为$|y\oplus f(x)\rangle=|0^m\oplus f(x)\rangle=|f(x)\rangle$。这就单纯地得到了所需的$f(x)$，然后再将$|f(x)\rangle$用于后续的算法线路中。但有时，特殊情况需特殊考虑，可得到更好的、更直接的结果。例如，在 Grover 算法中，$f(x)$被用来控制基态的反相，本可用如$\mathrm{C}(-I)|f(x)\rangle|x\rangle=|f(x)\rangle(-I)^{f(x)}|x\rangle$来实现，这样做并非不行，但其实有更简捷的做法。具体就是，不按一般做法取$|y\rangle=|0\rangle$，而是取$|y\rangle=|-\rangle\overset{\text{def}}{=}H|1\rangle=\frac{1}{\sqrt{2}}(|0\rangle-|1\rangle)$，则有

$$\begin{aligned}
U_f|x\rangle|-\rangle &= \frac{1}{\sqrt{2}}U_f|x\rangle(|0\rangle-|1\rangle)\\
&= \frac{1}{\sqrt{2}}\big(U_f|x\rangle|0\rangle-U_f|x\rangle|1\rangle\big)\\
&= \frac{1}{\sqrt{2}}(|x\rangle|f(x)\rangle-|x\rangle|1\oplus f(x)\rangle)\\
&= \frac{1}{\sqrt{2}}(|x\rangle|f(x)\rangle-|x\rangle|1\oplus f(x)\rangle)
\end{aligned}$$

$$=\begin{cases}\frac{1}{\sqrt{2}}(|x\rangle|0\rangle-|x\rangle|1\rangle)=|x\rangle|-\rangle & 若f(x)=0\\ \frac{1}{\sqrt{2}}(|x\rangle|1\rangle-|x\rangle|0\rangle)=-|x\rangle|-\rangle & 若f(x)=1\end{cases},$$

这正好实现了 Grover 算法的所需，没有用额外的受控门，如$C(-I)$。同时，辅助位$|-\rangle$从头到尾不变，不会与输入数据$|x\rangle$纠缠，故在算法分析中可忽略，明显简化了问题，详见 2.5 节。

2.2.3 量子黑箱实现示例

如上一小节所述，对量子算法而言，它所涉及的问题实例中的函数$f(x)$是可视为黑箱的。但在量子编程中，一个给定的函数$f(x)$总要实现，这一点上量子计算与传统计算没有任何区别。因此，对算法使用者和编程者来说，“黑箱”不能太“黑”，事实上对他们而言恰恰应该是“白箱”。为了使上一小节所阐述的内容更加明朗，这里给出两个非常简单的量子黑箱实现示例。具体实现了的就成了白箱。

（1）示例一

考虑一个极为简单的 2-元布尔函数

$$f(x)=x_1\vee\neg x_2。$$

显然，这个函数要用到一个“或”和一个“非”。后者可直接用非门实现，而“或”可用托佛利门即 CCNOT 门实现。由

$$\text{CCNOT}|x,y,z\rangle=|x,y,x\wedge y\oplus z\rangle$$

可得

$$\begin{aligned}\text{CCNOT}|\neg x,y,1\rangle&=|\neg x,y,\neg x\wedge y\oplus 1\rangle\\&=|\neg x,y,x\vee\neg y\rangle。\end{aligned}$$

为了看得更清楚，把x和y分别用x_1和x_2替换，得

$$\text{CCNOT}|\neg x_1,x_2,1\rangle=|\neg x_1,x_2,x_1\vee\neg x_2\rangle。$$

可见，要取“非”的是x_1，而不是x_2。至此就已经非常清楚了，可立即实现$f(x_1,x_2)=x_1\vee\neg x_2$这个布尔函数，并用“反算”去掉“垃圾”，用受控非门输出结果，如图 2.4 所示。

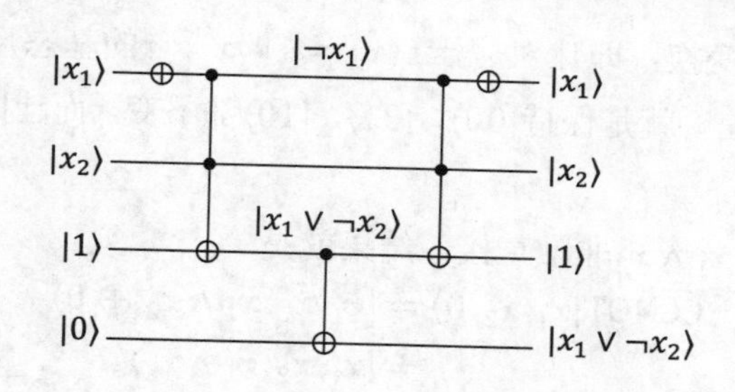

图 2.4　简单布尔函数的量子线路

借此例特别说明，镜像逆变换即“反算”的作用。此例中，假如没有反算，线路的输出端就不是期望的输出，带有“垃圾”，因为应保持不变的却变了，如$|x_1\rangle$变成了$|\neg x_1\rangle$，$|1\rangle$变成了$|x_1 \vee \neg x_2\rangle$，这会造成后续变换输入的混乱。故在本例中，整体上应实现的是

$$|x_1, x_2, 1{,}0\rangle \xrightarrow{U_f} |x_1, x_2, 1, x_1 \vee \neg x_2\rangle$$

这样一个变换，必须丝毫不差。可见，为了实现$f(x_1, x_2) = x_1 \vee \neg x_2$这个布尔函数，整个量子线路用到了两个非门、两个托佛利门、一个受控非门；用到两个辅助位，分别是 1 和 0。还可写出这个变换的变换矩阵：

$$U_f = \left(X \otimes I^{\otimes 3}\right)(\text{CCNOT} \otimes I)\left(I^{\otimes 2} \otimes \text{CNOT}\right)(\text{CCNOT} \otimes I)\left(X \otimes I^{\otimes 3}\right),$$

显示镜像对称，但不如线路图那样清晰。

（2）示例二

考虑 Grover 算法（详见 2.5 节）中用到的一个主要酉算子的实现。首先，Grover 算法所求解的问题是，给定一个布尔函数$f(x)$，求出使得$f(x) = 1$的x。假定$x = z$是使得$f(x) = 1$的唯一点，Grover 算法中与z相关的酉算子为U_z。它的实现包括两个部分：一部分是要实现$f(x)$本身；另一部分要在此基础上实现 Grover 算法所需的特定变换，即让对应于$f(x) = 1$即$x = z$的基态反相，而其他所有基态则保持不变。

下面仍用一个最简单的实例来说明问题。

设 2-元布尔函数$f(x) = x_1 \wedge x_2$，$x = x_1 x_2$。显然，当$x = z \stackrel{\text{def}}{=} 11$是唯一使得$f(x) = 1$的点。现在来构造 Grover 算法中的酉算子$U_z$。这个酉算子，首先应实现$f(x)$本身，尽管这不是 Grover 算法的内在部分；然后实现 Grover

算法所需的特定变换，即让对应于$f(x)=1$即$x=z$的基态反相，而其余的不变。对本例而言，就是保持$|00\rangle$，$|01\rangle$，$|10\rangle$都不变，而让$|11\rangle$变成$-|11\rangle$。下面详细讨论。

实现$f(x)=x_1\wedge x_2$非常直接，结果就是

$$\begin{aligned}\mathrm{CCNOT}|x_1,x_2,0\rangle&=|x_1,x_2,x_1\wedge x_2\oplus 0\rangle\\&=|x_1,x_2,x_1\wedge x_2\rangle。\end{aligned}$$

要实现使得$f(x)=1$的基态反相而其他基态不变，其实就是需要让$|f(x)\rangle$去控制$|x\rangle=|x_1,x_2\rangle$的相位因子。具体而言，这一步需要

$$|x_1\rangle|x_2\rangle\to(-1)^{f(x)}|x_1\rangle|x_2\rangle。$$

由于张量积具有双线性$c(|\psi\rangle\otimes|\phi\rangle)=(c|\psi\rangle)\otimes|\phi\rangle=|\psi\rangle\otimes(c|\phi\rangle)$，因此，实际上只需用$|f(x)\rangle$控制$|x_1\rangle|x_2\rangle$中的任何一位即可，不妨控制$|x_1\rangle$：

$$|f(x)\rangle|x_1\rangle\to|f(x)\rangle\big((-1)^{f(x)}|x_1\rangle\big)=\mathrm{C}(-I)|f(x)\rangle|x_1\rangle。$$

可见，会用到一个受控门$\mathrm{C}(-I)$，其控制规则见 2.1.1 小节中的受控门$\mathrm{C}(U)$。

练习 2.7 写出$\mathrm{C}(-I)$的变换规则。

结合$f(x)=x_1\wedge x_2$本身所需的实现，Grover 算法酉算子U_z的实现为

$$|x_1\rangle|x_2\rangle|0\rangle|0\rangle\to(-1)^{x_1\wedge x_2}|x_1\rangle|x_2\rangle|0\rangle|x_1\wedge x_2\rangle,$$

其量子线路如图 2.5 所示。

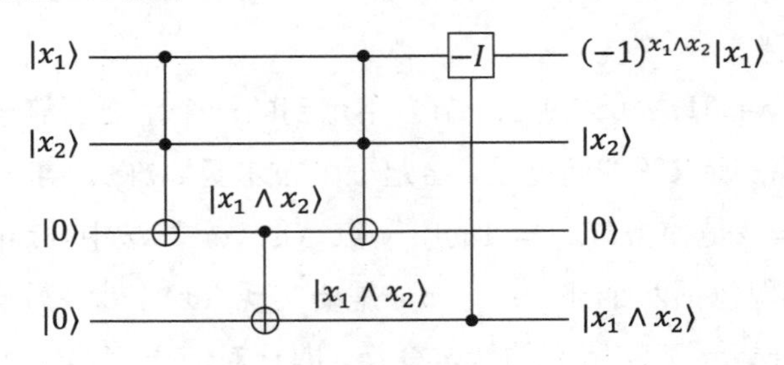

图 2.5 Grover 算法示例黑箱的一个实现

但这个实现有个明显缺点，就是最后一个辅助位$|0\rangle$没有还原，而是变成了$|x_1\wedge x_2\rangle$。这样的线路就难以在下一步直接重复利用，因为存在“垃圾”位。好在量子计算中酉算子的实现不是唯一的，Grover 算法中的酉算子U_z的实现也是如此。例如，利用泡利-Z门对$|1\rangle$反相的特性

$Z|1\rangle=-|1\rangle$，可考虑由$f(x)$作为受控Z门的控制位，辅助位换成$|1\rangle$，整个变换为

$$\begin{aligned}|x_1\rangle|x_2\rangle|0\rangle|1\rangle &\to |x_1\rangle|x_2\rangle|0\rangle \mathrm{C}(Z)(|x_1\wedge x_2\rangle|1\rangle)\\ &=|x_1\rangle|x_2\rangle|0\rangle((-1)^{x_1\wedge x_2}|1\rangle)\\ &=(-1)^{x_1\wedge x_2}|x_1\rangle|x_2\rangle|0\rangle|1\rangle,\end{aligned}$$

其中，仍是由于张量积的双线性，因此可通过对$|x_1\rangle|x_2\rangle|0\rangle|1\rangle$中的专门辅助位$|1\rangle$的反相控制来实现整个基态$|x_1\rangle|x_2\rangle|0\rangle|1\rangle$的反相控制。此方案的量子线路如图 2.6 所示。

由于辅助位$|0\rangle$自始至终都不改变，而另一个辅助位$|1\rangle$只是对总体贡献了相位因子$(-1)^{f(x)}$，这样就没有了纠缠的垃圾位。因此，在算法分析中可只考虑$|x\rangle \xrightarrow{U_z} (-1)^{f(x)}|x\rangle$这个核心部分。

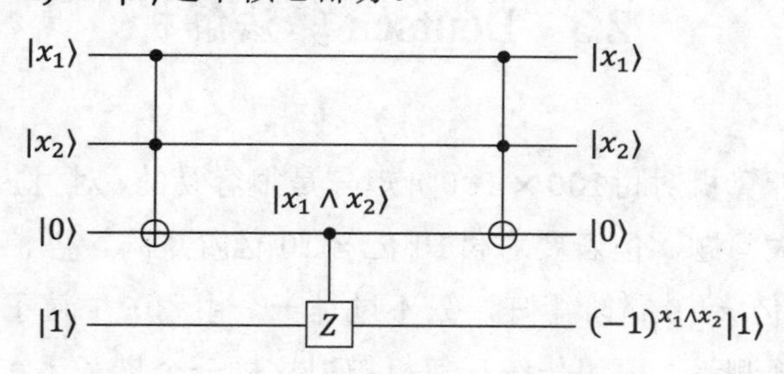

图 2.6　Grover 算法示例黑箱的另一实现

还有没有 Grover 算法量子黑箱的第三种实现呢？有，这在上一小节中已做了铺垫，就是采用特别的辅助位$|-\rangle \overset{\text{def}}{=} H|1\rangle$，就可更简捷地实现所需量子黑箱——这其实才是 Grover 算法中的标准做法。其结果如图 2.7 所示。

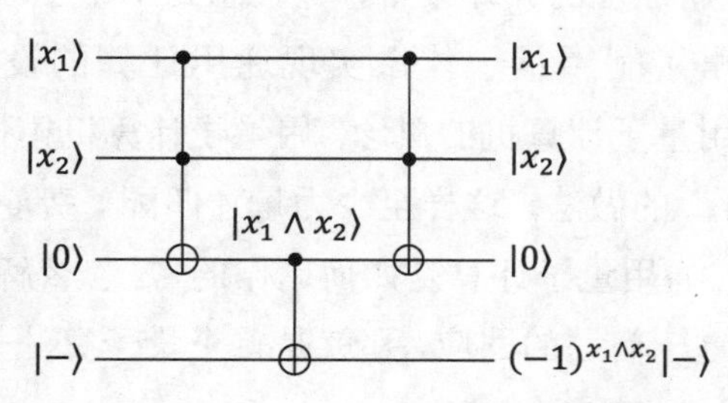

图 2.7　Grover 算法示例黑箱的标准实现

由图 2.7 可知，辅助位$|0\rangle$和$|-\rangle$都与系统主要部分$|x\rangle$没有纠缠，所以量子黑箱可用$U_z|x\rangle=(-1)^{f(x)}|x\rangle$代表，这对 Grover 算法而言是通用的，与本例的具体函数无关，并且为了得到U_z的变换矩阵，还可以换一种写法。注意到，只有$x=z$时$f(x)=1$，所以

$$\begin{aligned}U_z|x\rangle&=(-1)^{\delta_{zx}}|x\rangle=|x\rangle-2|z\rangle\langle z|x\rangle\\&=(I-2|z\rangle\langle z|)|x\rangle,\end{aligned}$$

这样就得到了酉算子U_z的变换矩阵为

$$U_z=I-2|z\rangle\langle z|。$$

这个矩阵是 Grover 算法的两个关键变换矩阵之一，详见 2.5 节。

2.3 Deutsch 算法解析

用传统计算机对付100×100阶矩阵是很容易的，对付1 万$\times$1 万阶矩阵也没什么大问题。但若要对付10 亿$\times$10 亿阶矩阵，恐怕就不能轻言胜任了。而10 亿$\times$10 亿阶矩阵，只不过是一个由 30 个粒子组成的复合量子系统的可观测量。要用传统计算机模拟这样一个量子系统该怎么办，其状态空间的维数为 10 亿。同时，30 个粒子并非什么上限，远远不是。粗略地说，一般由n个粒子组成的复合量子系统，即便每个粒子仅有最少的独立量子态，即仅是双态系统，那么，复合系统的状态空间维数就是2^n。这是一个指数增长的情形，相关的计算任务是传统计算机难以担当的。人们需要一种基于全新原理的计算设备，并且想到了量子原理本身。特别是理查德 • 费曼提出了利用量子体系实现通用计算的设想（Feynman，1982），也就是通用量子计算机的概念。用量子计算机模拟量子系统本身，是一种“以毒攻毒”的做法，这样至少力量才匹配。费曼提出的通用量子计算是在 1982 年。通用量子计算是如何运作的，是怎么解决计算问题的？3 年之后，有了对这一问题的回应，那就是首个量子算法——Deutsch 算法的出现（Deutsch，1985）。

2.3.1　问题与算法描述

考虑布尔函数，其最一般的形式是$f: \mathbb{B}^n \to \mathbb{B}^m$，这样的布尔函数总共有$|(\mathbb{B}^m)^{\mathbb{B}^n}| = (2^m)^{2^n} = 2^{m2^n}$个。那么，最简单的布尔函数是什么？显然就是$n = m = 1$的情形，即$f: \mathbb{B} \to \mathbb{B}$。输入和输出都是 1 比特，没有比这更简单的了。这样的函数总共只有$2^2 = 4$个，全部列在表 2.2 当中。

表 2.2　最简单的布尔函数

f	x	$f(x)$	类别
f_1	0 1	0 0	恒值
f_2	0 1	0 1	均衡
f_3	0 1	1 0	均衡
f_4	0 1	1 1	恒值

表 2.2 中的函数分为两类：一类是恒值的，即$f(x) \equiv 0$或$f(x) \equiv 1$；另一类是均衡的，即$f(x)$为 0 和 1 的数量相等，各为一个。

练习 2.8　输入和输出都是两个比特的函数共有多少个？

（1）Deutsch 算法求解的问题

①输入：$f(x)$为表 2.1 中的任一函数。

②输出：$f(x)$是否为均衡的，或等价地是否为恒值的。

这是一个判定问题。

（2）Deutsch 算法描述

为了描述的流畅，这里省去了推导，详细的推导放在后续的算法分析小节中。

系统：

①量子寄存器和基：采用两个量子位，系统状态空间的规范正交基为$\{|xy\rangle \mid x, y \in \mathbb{B}\} = \{|00\rangle, |01\rangle, |10\rangle, |11\rangle\}$。

②算法的酉算子：只用到现成的阿达马算子H。

③问题的量子黑箱：代表$f(x)$的酉算子为U_f，定义为$U_f|x,y\rangle=|x,y\oplus f(x)\rangle$。

步骤：

①状态初始化：

$$|\psi\rangle=|0\rangle|1\rangle。$$

②阿达马变换$H^{\otimes 2}$：

$$|\psi\rangle\mapsto H^{\otimes 2}|\psi\rangle=\frac{1}{2}(|0\rangle|0\rangle-|0\rangle|1\rangle+|1\rangle|0\rangle-|1\rangle|1\rangle)。$$

③调用量子黑箱U_f：

$$|\psi\rangle\mapsto U_f|\psi\rangle=(-1)^{f(0)}\underbrace{\frac{1}{\sqrt{2}}(|0\rangle+(-1)^{f(0)\oplus f(1)}|1\rangle)}_{|\psi_1\rangle}|-\rangle。$$

④阿达马变换H，只对欲测量的第一位$|\psi_1\rangle$进行，且总相位因子$(-1)^{f(0)}$也忽略：

$$|\psi_1\rangle\mapsto H|\psi_1\rangle=\begin{cases}|0\rangle & 若f(0)\oplus f(1)=0\\ |1\rangle & 若f(0)\oplus f(1)=1\end{cases}。$$

⑤测量$|\psi_1\rangle$：测量结果为$|0\rangle$等价于$f(0)\oplus f(1)=0$，即$f(0)=f(1)$，也即$f(x)$是恒值的；测量结果为$|1\rangle$等价于$f(0)\oplus f(1)=1$，即$f(0)\neq f(1)$，也即$f(x)$是均衡的。

Deutsch 算法的测量结果无论是$|0\rangle$还是 $|1\rangle$，都是正确的。这表明，Deutsch 算法必然得出正确结果，从而是一种确定性算法，而非概率性算法。这其实是非常特殊的，因为一般量子算法是概率性的，通常以小于 1 的概率输出正确结果。

Deutsch 算法针对的是一个极简单的判定问题。这个问题太简单，也没有什么实用价值。但从最简开始，这个策略是探索复杂新事物卓有成效的做法。最简的不能解决，复杂的很难突然出现；反之，从最初制作简陋狗窝，发展到建造堂皇宫殿，这常是革命性技术最终改变世界的一个自然而辉煌的历程。

2.3.2 实现的讨论与简单示例

Deutsch 算法仅仅用到阿达马变换，是一个现成的量子门，因此，算法本身的酉算子实现问题就不存在了。只需考虑算法中调用的量子黑箱U_f的实现，该黑箱代表问题输入的布尔函数$f(x)$。

在上一小节的算法描述中，其实已经表明黑箱就是按通用方法实现的，即按

$$U_f|x,y\rangle = |x, y \oplus f(x)\rangle$$

来实现的。下面给出一个具体例子。在所有 4 个一元布尔函数中，两个是恒值的，即$f(x) \equiv 0$或 1，一个是恒等的$f(x) = x$，都太平凡了，只剩一个，即“否”运算的这个还“有点意思”，就将它作为 Deutsch 算法示例的输入布尔函数：

$$f(x) = \neg x。$$

这显然是一个均衡函数而非恒值函数，只需用到现成的非门即可实现，无须赘述。

练习 2.9 在所有 4 个一元布尔函数中，哪些是可逆的？哪些是不可逆的？

现在针对一元布尔函数中最有意思的这个函数来验证 Deutsch 算法。

①状态初始化：$|\psi\rangle = |0\rangle|1\rangle$。这一步与具体问题无关。

②阿达马变换$H^{\otimes 2}$：

$$|\psi\rangle \to H^{\otimes 2}|\psi\rangle = \frac{1}{2}(|0\rangle|0\rangle - |0\rangle|1\rangle + |1\rangle|0\rangle - |1\rangle|1\rangle)。$$

这一步也与具体问题无关。

③调用量子黑箱U_f，将$f(0) = \neg 0 = 1$，$f(1) = \neg 1 = 0$代入，即

$$|\psi\rangle \mapsto U_f|\psi\rangle = (-1)^{f(0)} \underbrace{\frac{1}{\sqrt{2}}(|0\rangle + (-1)^{f(0)\oplus f(1)}|1\rangle)}_{|\psi_1\rangle} |-\rangle$$

$$= (-1)^1 \underbrace{\frac{1}{\sqrt{2}}(|0\rangle + (-1)^{1\oplus 0}|1\rangle)}_{|\psi_1\rangle} |-\rangle$$

$$= -\underbrace{\frac{1}{\sqrt{2}}(|0\rangle - |1\rangle)}_{|\psi_1\rangle}|-\rangle$$

$$= -\underbrace{|-\rangle}_{|\psi_1\rangle}|-\rangle。$$

④阿达马变换H，只对第一位$|\psi_1\rangle$进行。由于$f(0) \oplus f(1) = 1 \oplus 0 = 1$，故

$$|\psi_1\rangle \mapsto H|\psi_1\rangle = |1\rangle,$$

这一点还可直接验证：

$$|\psi_1\rangle \mapsto H|\psi_1\rangle = H|-\rangle = HH|1\rangle = |1\rangle。$$

⑤测量$|\psi_1\rangle$：显然，测量结果就是$|1\rangle$，即$f(x) = \neg x$是均衡的。当然，这与我们直接“肉眼”判定也没什么区别。

2.3.3 算法分析

在上一小节的算法描述中省略了推导，只提供了结果，这里一一给出所有推导的细节，并对算法做进一步的分析。

算法采用了两个量子位，其状态空间的规范正交基为$\{|00\rangle, |01\rangle, |10\rangle, |11\rangle\}$。

代表系统输入的布尔函数$f(x)$，其量子黑箱酉算子为U_f，它对基态的变换为

$$U_f|x, y\rangle = |x, y \oplus f(x)\rangle,$$

也可写成

$$U_f|x\rangle|y\rangle = |x\rangle|y \oplus f(x)\rangle。 \quad (2.7)$$

由此不难得到$U_f|0\rangle|0\rangle$，$U_f|0\rangle|1\rangle$，$U_f|1\rangle|0\rangle$，$U_f|1\rangle|1\rangle$的表达式，具体详见后面的推导。

状态初始化为$|\psi\rangle = |0\rangle|1\rangle$之后，进行阿达马变换可得

$$|\psi\rangle \mapsto H^{\otimes 2}|\psi\rangle = \frac{1}{2}(|0\rangle|0\rangle - |0\rangle|1\rangle + |1\rangle|0\rangle - |1\rangle|1\rangle),$$

然后调用量子黑箱U_f，$|\psi\rangle \mapsto U_f|\psi\rangle$。现在推导$U_f|\psi\rangle$的表达式，即

$$U_f|\psi\rangle = \frac{1}{2}(U_f|0\rangle|0\rangle - U_f|0\rangle|1\rangle + U_f|1\rangle|0\rangle - U_f|1\rangle|1\rangle)$$
$$= \frac{1}{2}(|0\rangle|0\oplus f(0)\rangle - |0\rangle|1\oplus f(0)\rangle + |1\rangle|0\oplus f(1)\rangle - |1\rangle|1\oplus f(1)\rangle)$$
$$= \frac{1}{2}(|0\rangle(|f(0)\rangle - |1\oplus f(0)\rangle) + |1\rangle(|f(1)\rangle - |1\oplus f(1)\rangle))。$$

利用 2.1.3 小节中的结果，有

$$|f(x)\rangle - |1 \oplus f(x)\rangle = (-1)^{f(x)}(|0\rangle - |1\rangle),$$

于是

$$U_f|\psi\rangle = \frac{1}{2}\big((-1)^{f(0)}|0\rangle(|0\rangle - |1\rangle) + (-1)^{f(1)}|1\rangle(|0\rangle - |1\rangle)\big)$$
$$= \frac{1}{2}\big((-1)^{f(0)}|0\rangle + (-1)^{f(1)}|1\rangle\big)(|0\rangle - |1\rangle)$$
$$= \frac{1}{2}\big((-1)^{f(0)}|0\rangle + (-1)^{f(0)\oplus f(0)\oplus f(1)}|1\rangle\big)(|0\rangle - |1\rangle)。$$

同样，用 2.1.3 小节中的结果，有

$$(-1)^{f(0)\oplus f(0)\oplus f(1)} = (-1)^{f(0)}(-1)^{f(0)\oplus f(1)},$$

所以

$$U_f|\psi\rangle = (-1)^{f(0)}\frac{1}{2}(|0\rangle + (-1)^{f(0)\oplus f(1)}|1\rangle)(|0\rangle - |1\rangle)$$
$$= (-1)^{f(0)}\frac{1}{\sqrt{2}}(|0\rangle + (-1)^{f(0)\oplus f(1)}|1\rangle)\frac{1}{\sqrt{2}}(|0\rangle - |1\rangle)$$
$$= (-1)^{f(0)}\underbrace{\frac{1}{\sqrt{2}}(|0\rangle + (-1)^{f(0)\oplus f(1)}|1\rangle)}_{|\psi_1\rangle}|-\rangle。$$

其中，$|-\rangle \stackrel{\text{def}}{=} H|1\rangle = \frac{1}{\sqrt{2}}(|0\rangle - |1\rangle)$。到此如果进行测量，整个系统将会等概率出现$|00\rangle$，$|01\rangle$，$|10\rangle$，$|11\rangle$，而得不到需要的结果。但可以窥见，分离出来的第一位$|\psi_1\rangle$包含了$f(x)$的全部信息，而总相位因子$(-1)^{f(0)}$对测量结果无影响，可忽略，第二位$|-\rangle$又与$f(x)$完全无关。

因此，算法的下一步就是专门针对第一位$|\psi_1\rangle$进行阿达马变换，即$|\psi_1\rangle \mapsto H|\psi_1\rangle$，看是什么结果。现在计算$H|\psi_1\rangle$，即

$$H|\psi_1\rangle = H(\frac{1}{\sqrt{2}}(|0\rangle + (-1)^{f(0)\oplus f(1)}|1\rangle))$$

$$
\begin{aligned}
&= \frac{1}{\sqrt{2}}(H|0\rangle + (-1)^{f(0)\oplus f(1)}H|1\rangle) \\
&= \frac{1}{2}\Big(|0\rangle + |1\rangle + (-1)^{f(0)\oplus f(1)}(|0\rangle - |1\rangle)\Big) \\
&= \frac{1}{2}\Big(\big(1 + (-1)^{f(0)\oplus f(1)}\big)|0\rangle + \big(1 - (-1)^{f(0)\oplus f(1)}\big)|1\rangle\Big) \\
&= \begin{cases} |0\rangle & 若 f(0) \oplus f(1) = 0 \ 即 f(0) = f(1) \\ |1\rangle & 若 f(0) \oplus f(1) = 1 \ 即 f(0) \neq f(1) \end{cases}。
\end{aligned}
$$

这就非常清楚了，可对第一位$|\psi_1\rangle$进行测量。当$f(0) = f(1)$，即函数$f(x)$为恒值的，测量结果必然出现$|0\rangle$；反之，当$f(0) \neq f(1)$，测量结果必然出现$|1\rangle$。

Deutsch 算法比传统算法快多少？在同等条件下，即在没有关于输入的一元布尔函数$f(x)$的任何先验知识的情况下，Deutsch 算法只调用了一次函数计算，即一次使用量子黑箱U_f，而传统算法则必须计算出$f(0)$和$f(1)$，才能判断$f(x)$究竟是恒值的还是均衡的，这只能是两次调用函数计算子程序，别无他法。因此，Deutsch 量子算法比传统算法快 1 倍，或者说计算量少一半，这是毫无疑问的。

量子算法是怎么做到这一点的？在 Deutsch 算法中，似乎看不出在哪个地方明确地计算了$f(0)$和$f(1)$的值，连一个值都没有算更不是两个值都算了。但最后为什么却能测量到正确结果？这就是量子计算机的神奇之处，它内部的量子机制提供了与传统电子计算机彻底不同的计算方式。粗略地说，量子计算是把有关信息编码进入量子系统的状态中，尤其包括特征态，也就是基态，然后让量子系统以一系列酉变换的方式进行状态变化，最终达到对正确结果“有利”的状态，然后测量出结果。由于量子系统的状态包含了量子位数的指数这么多信息，确切地就是n-量子位的状态包含了2^n个特征态，每个特征态含n个传统比特信息，因而使得量子计算发生质的加速，如指数加速。Deutsch 算法相对于传统算法是“指数加速”的，因为传统算法的计算量必须是$2^n = 2^1 = 2$，而 Deutsch 算法的计算量就是 1。当然，对 Deutsch 算法以及即将要提及的 Deutsch-Jozsa 算法而言，其相对于传统的“指数加速”无法去掉引号，详细内容放在下一节的 Deutsch-Jozsa 算法分析中。

2.4 Deutsch–Jozsa 算法解析

面对全新概念的事物，从最简情况切入探索，这是卓有成效的策略。从这一点来说，1985 年 Deutsch 发现第一个通用量子算法，实现了从零到一的重要步骤。最简情形下的量子计算实现了，就要进入下一步探索。自然会想到，下一步是不是可将 Deutsch 算法从所处理的一元布尔函数推广到n-元布尔函数？虽然在今天看来这一步很简单，但从 Deutsch 算法提出之后却又过了 7 年才有了结果。7 年之后，Deutsch 和 Jozsa 提出了针对n-元布尔函数的 Deutsch-Jozsa 算法（Deutsch et al，1992）。

2.4.1 问题与算法描述

要将 Deutsch 算法推广到一般n-元布尔函数，首先比较一下它与一元布尔函数有什么不同之处。如上一小节所述，一元布尔函数穷举只有 4 种情况，并且可分为恒值的和均衡的两个类型，没有第三个类型。一般n-元布尔函数有多少，是不是仍可分为恒值的和均衡的两个类型呢？

答案很明确。在n-元布尔函数空间$\mathbb{B}^n \to \mathbb{B}$中，共有$\left|\mathbb{B}^{\mathbb{B}^n}\right| = 2^{2^n}$个$n$-元布尔函数。对于$n$-元布尔函数$f: \mathbb{B}^n \to \mathbb{B}$而言，它是恒值的，如果对所有的$x \in \mathbb{B}^n$函数值$f(x)$都为 0 或都为 1；它是均衡的，如果$f(x)$一半的值为 0 而另一半的值为 1。由于$x \in \mathbb{B}^n$共有$2^n$个点，因此，这里的一半就是$\frac{2^n}{2} = 2^{n-1}$。除了$n = 1$的最简情况，$n$-元布尔函数空间$\mathbb{B}^n \to \mathbb{B}$中不可能只有恒值的和均衡的两种函数。例如，2-元布尔函数$f(x) = x_1 \wedge x_2$，显然就既不是恒值的，也不是均衡的，它的总共 4 个函数值中，有 3 个为 0，而有一个为 1。

因此，Deutsch 算法推广到针对一般n-元布尔函数，算法所解决的问题将由一般判定问题变成特殊的一类判定问题，即承诺问题。具体地，就是必须承诺输入的n-元布尔函数要么是恒值的要么是均衡的，没有第三种情况。

下面是问题的正式描述。

（1）Deutsch-Jozsa 算法求解的问题

①输入：n-元布尔函数$f(x)$，它要么为恒值的，要么为均衡的，不会出现既非恒值又非均衡的情况。

②输出：$f(x)$是否为均衡的，或等价地是否为恒值的。

这是一个承诺问题。

（2）Deutsch-Jozsa 算法描述

同样，为描述的流畅先省去推导，详细推导放在后续的算法分析小节中。

系统：

①量子寄存器和基：采用$(n+1)$-位量子寄存器，分成两部分，即前n位加最后1位这两部分，系统状态空间的规范正交基为$\{|xy\rangle \mid x\in\mathbb{B}^n, y\in\mathbb{B}\}$。

②算法的酉算子：与 Deutsch 算法相同，仅直接采用了现成的阿达马算子H。

③问题的量子黑箱：代表$f(x)$的酉算子为U_f，定义为$U_f|x,y\rangle = |x, y\oplus f(x)\rangle$，与 Deutsch 算法也雷同。

步骤：

①初始化$n+1$量子位：

$$|\psi\rangle = \underbrace{|0\rangle|0\rangle\cdots|0\rangle}_{n}|1\rangle = |0\rangle^{\otimes n}|1\rangle。$$

②阿达马变换$H^{\otimes(n+1)}$，对所有量子位：

$$\begin{aligned}|\psi\rangle &\mapsto H^{\otimes(n+1)}|\psi\rangle\\ &= H^{\otimes n}|0\rangle^{\otimes n}H|1\rangle\\ &= \frac{1}{\sqrt{2^{n+1}}}\left(\sum_{x\in\mathbb{B}^n}(|x\rangle|0\rangle - |x\rangle|1\rangle)\right)。\end{aligned}$$

③调用量子黑箱U_f：

$$\begin{aligned}|\psi\rangle &\mapsto U_f|\psi\rangle\\ &= \frac{1}{\sqrt{2^{n+1}}}\left(\sum_{x\in\mathbb{B}^n}\left(U_f|x\rangle|0\rangle - U_f|x\rangle|1\rangle\right)\right)\end{aligned}$$

$$= \underbrace{\left(\frac{1}{\sqrt{2^n}}\sum_{x\in\mathbb{B}^n}(-1)^{f(x)}|x\rangle\right)}_{|\psi_n\rangle}|-\rangle。$$

④阿达马变换$H^{\otimes n}$，仅对前n位即$|\psi_n\rangle$进行：

$$\begin{aligned}|\psi_n\rangle \mapsto & H^{\otimes n}|\psi_n\rangle \\ &= \frac{1}{\sqrt{2^n}}\left(\sum_{x\in\mathbb{B}^n}(-1)^{f(x)}H^{\otimes n}|x\rangle\right) \\ &= \sum_{x\in\mathbb{B}^n}c(x)|x\rangle,\end{aligned}$$

其中

$$c(x) = \frac{1}{2^n}\sum_{u\in\mathbb{B}^n}(-1)^{f(u)}(-1)^{u\cdot x}。$$

其中，$u\cdot x \stackrel{\text{def}}{=} u_1x_1 \oplus u_2x_2 \oplus \cdots \oplus u_nx_n$。特别地

$$|c(0^n)|^2 = \begin{cases}1 & 若f(x)为恒值的 \\ 0 & 若f(x)为均衡的\end{cases}。$$

⑤测量：$|\psi_n\rangle = |0\rangle^{\otimes n} = |0^n\rangle$的概率为$|c(0^n)|^2$，它为 1，等价于$f(x)$为恒值的；它不为 1，即为 0，等价于$f(x)$是均衡的。

2.4.2　实现的讨论与简单示例

与 Deutsch 算法一样，Deutsch-Jozsa 算法就是直接使用阿达马变换这一种现成的量子门，不存在算法本身的酉算子实现问题。同时，算法中调用的代表问题输入的布尔函数$f(x)$的量子黑箱U_f，也是采用一般量子黑箱实现方法，即$U_f|x,y\rangle = |x, y\oplus f(x)\rangle$。因此，这些方面在$n$-元布尔函数的情形下与一元布尔函数的情形下都是一样的。

一元布尔函数总共有 4 种，而“有意思”的只有“否”运算一种。但n-元布尔函数中，“有意思”的就太多了，作为例子有极大的选择余地。但注意，也不是随意选取都可以，如上一小节提到的$f(x) = x_1 \wedge x_2$则不行，它会让 Deutsch-Jozsa 算法失败，因为它既不是恒值的，也不是均衡的。而 Deutsch-Jozsa 算法能对付的是一个承诺问题，要求承诺输入的布尔函数要

么是恒值的，要么是均衡的，不允许有别的可能。如果仅在 2-元布尔函数中考虑，总数有 16 个，但只能选择恒值的或均衡的函数。相对而言，均衡的比恒值的还是更“有意思”。因此，选下面这个均衡的布尔函数作为 Deutsch-Jozsa 算法示例的输入布尔函数：

$$f(x) = x_1 \oplus x_2。$$

此函数可用托佛利门实现，在 2.2.3 小节中已有具体的构造方法，这里不再赘述。

现在针对此例验证 Deutsch-Jozsa 算法。

①初始化$n+1=3$个量子位：

$$|\psi\rangle = |0\rangle^{\otimes 2}|1\rangle。$$

②阿达马变换$H^{\otimes 3}$，对所有量子位：

$$\begin{aligned} |\psi\rangle &\mapsto H^{\otimes 3}|\psi\rangle \\ &= H^{\otimes 2}|0\rangle^{\otimes 2}H|1\rangle \\ &= \frac{1}{\sqrt{2^3}}\left(\sum_{x\in\mathbb{B}^2}(|x\rangle|0\rangle - |x\rangle|1\rangle)\right)。\end{aligned}$$

③调用量子黑箱U_f：

$$\begin{aligned} |\psi\rangle &\mapsto U_f|\psi\rangle \\ &= \frac{1}{\sqrt{2^3}}\left(\sum_{x\in\mathbb{B}^2}\left(U_f|x\rangle|0\rangle - U_f|x\rangle|1\rangle\right)\right) \\ &= \underbrace{\left(\frac{1}{\sqrt{2^3}}\sum_{x\in\mathbb{B}^2}(-1)^{f(x)}|x\rangle\right)}_{|\psi_2\rangle}|-\rangle。\end{aligned}$$

④阿达马变换，仅对前2位即$|\psi_2\rangle$进行：

$$\begin{aligned} |\psi_2\rangle &\mapsto H^{\otimes n}|\psi_2\rangle \\ &= \frac{1}{\sqrt{2^2}}\left(\sum_{x\in\mathbb{B}^2}(-1)^{f(x)}H^{\otimes 2}|x\rangle\right) \\ &= \sum_{x\in\mathbb{B}^2}c(x)|x\rangle,\end{aligned}$$

其中

$$c(x)=\frac{1}{2^2}\sum_{u\in\mathbb{B}^2}(-1)^{f(u)}(-1)^{u\cdot x}\text{ 。}$$

特别地

$$\begin{aligned}c(00)&=\frac{1}{2^2}\sum_{u\in\mathbb{B}^2}(-1)^{f(u)}(-1)^{u\cdot 00}\\&=\frac{1}{2^2}\sum_{u\in\mathbb{B}^2}(-1)^{f(u)}\\&=\frac{1}{2^2}\sum_{u\in\mathbb{B}^2}(-1)^{u_1\oplus u_2},\end{aligned}$$

对于$u_1\oplus u_2$，u_1和u_2相同，则为 0；不同，则为 1。各占一半，故必有和式$\sum_{u\in\mathbb{B}^2}(-1)^{u_1\oplus u_2}=0$，因此$c(00)=0$。

⑤测量：$|\psi_2\rangle=|00\rangle$的概率$|c(00)|^2$就是 $f(x)=x_1\oplus x_2$为恒值的概率，现在$|c(0^n)|^2=0$即意味着$f(x)$为恒值的概率为 0，故它是均衡的。当然，我们本来就知道，异或函数是均衡的。

2.4.3　算法分析

上一小节中，Deutsch-Jozsa 算法的描述中省略了推导，下面给出所有推导的细节，揭示算法为什么能得出相应的结果。

算法采用了$n+1$个量子位，分成前n位和最后 1 位两部分。整个系统状态空间的规范正交基为$\{|xy\rangle \mid x\in\mathbb{B}^n,y\in\mathbb{B}\}$。

代表系统输入的布尔函数$f(x)$的量子黑箱酉算子为U_f，它对基态的变换为

$$U_f|x\rangle|y\rangle=|x\rangle|y\oplus f(x)\rangle,$$

这在推导中要用到。

首先，状态初始化为$|\psi\rangle=|0\rangle^{\otimes n}|1\rangle$，接着进行阿达马变换$|\psi\rangle\mapsto H^{\otimes(n+1)}|\psi\rangle=H^{\otimes n}|0\rangle^{\otimes n}H|1\rangle$。利用 2.1.3 小节中的结果

$$(H|0\rangle)^{\otimes n}=\frac{1}{\sqrt{2^n}}\sum_{x\in\mathbb{B}^n}|x\rangle,$$

有

$$\begin{aligned} H^{\otimes(n+1)}|\psi\rangle &= H^{\otimes n}|0\rangle^{\otimes n}H|1\rangle \\ &= (H|0\rangle)^{\otimes n}H|1\rangle \\ &= \left(\frac{1}{\sqrt{2^n}}\sum_{x\in\mathbb{B}^n}|x\rangle\right)\frac{1}{\sqrt{2}}(|0\rangle-|1\rangle) \\ &= \frac{1}{\sqrt{2^{n+1}}}\sum_{x\in\mathbb{B}^n}|x\rangle(|0\rangle-|1\rangle) \\ &= \frac{1}{\sqrt{2^{n+1}}}\sum_{x\in\mathbb{B}^n}(|x\rangle|0\rangle-|x\rangle|1\rangle)\text{。} \end{aligned}$$

下一步是调用量子黑箱U_f，即$|\psi\rangle\mapsto U_f|\psi\rangle$。根据 2.1.3 小节中的结果，有

$$|f(x)\rangle-|1\oplus f(x)\rangle=(-1)^{f(x)}(|0\rangle-|1\rangle),$$

于是

$$\begin{aligned} U_f|\psi\rangle &= \frac{1}{\sqrt{2^{n+1}}}\sum_{x\in\mathbb{B}^n}\left(U_f|x\rangle|0\rangle-U_f|x\rangle|1\rangle\right) \\ &= \frac{1}{\sqrt{2^{n+1}}}\sum_{x\in\mathbb{B}^n}(|x\rangle|0\oplus f(x)\rangle-|x\rangle|1\oplus f(x)\rangle) \\ &= \frac{1}{\sqrt{2^{n+1}}}\sum_{x\in\mathbb{B}^n}|x\rangle(|f(x)\rangle-|1\oplus f(x)\rangle) \\ &= \frac{1}{\sqrt{2^{n+1}}}\sum_{x\in\mathbb{B}^n}|x\rangle(-1)^{f(x)}(|0\rangle-|1\rangle) \\ &= \left(\frac{1}{\sqrt{2^n}}\sum_{x\in\mathbb{B}^n}(-1)^{f(x)}|x\rangle\right)\left(\frac{1}{\sqrt{2}}(|0\rangle-|1\rangle)\right) \\ &= \underbrace{\left(\frac{1}{\sqrt{2^n}}\sum_{x\in\mathbb{B}^n}(-1)^{f(x)}|x\rangle\right)}_{|\psi_n\rangle}|-\rangle\text{。} \end{aligned}$$

现在对前n位即$|\psi_n\rangle$进行阿达马变换，$|\psi_n\rangle\mapsto H^{\otimes n}|\psi_n\rangle$。为了计算$H^{\otimes n}|\psi_n\rangle$，同样要用到 2.1.3 小节中的一个结果

$$H^{\otimes n}|x\rangle=\frac{1}{\sqrt{2^n}}\sum_{z\in\mathbb{B}^n}(-1)^{x\cdot z}|z\rangle,$$

其中

$$x \cdot z \stackrel{\text{def}}{=} x_1 z_1 \oplus x_2 z_2 \oplus \cdots \oplus x_n z_n。$$

由此，有

$$\begin{aligned}
H^{\otimes n}|\psi_n\rangle &= \frac{1}{\sqrt{2^n}} \sum_{x \in \mathbb{B}^n} (-1)^{f(x)} H^{\otimes n}|x\rangle \\
&= \frac{1}{2^n} \sum_{x \in \mathbb{B}^n} (-1)^{f(x)} \sum_{z \in \mathbb{B}^n} (-1)^{x \cdot z}|z\rangle \\
&= \frac{1}{2^n} \sum_{x \in \mathbb{B}^n} \sum_{z \in \mathbb{B}^n} (-1)^{f(x)} (-1)^{x \cdot z}|z\rangle，
\end{aligned}$$

其中，$x \cdot z \equiv z \cdot x$即具有可交换性。因此，上述双重求和可交换，于是得到

$$\begin{aligned}
H^{\otimes n}|\psi_n\rangle &= \frac{1}{2^n} \sum_{x \in \mathbb{B}^n} \sum_{z \in \mathbb{B}^n} (-1)^{f(x)} (-1)^{x \cdot z}|z\rangle \\
&= \frac{1}{2^n} \sum_{z \in \mathbb{B}^n} \sum_{x \in \mathbb{B}^n} (-1)^{f(x)} (-1)^{x \cdot z}|z\rangle \\
&= \frac{1}{2^n} \sum_{z \in \mathbb{B}^n} \left(\sum_{x \in \mathbb{B}^n} (-1)^{f(x)} (-1)^{x \cdot z} \right) |z\rangle \\
&= \sum_{z \in \mathbb{B}^n} c(z)|z\rangle。
\end{aligned}$$

其中

$$c(z) = \frac{1}{2^n} \sum_{x \in \mathbb{B}^n} (-1)^{f(x)} (-1)^{x \cdot z}。$$

这里隐藏着秘密的是$z = 0^n$这一项：

$$\begin{aligned}
c(0^n) &= \frac{1}{2^n} \sum_{x \in \mathbb{B}^n} (-1)^{f(x)} (-1)^{x \cdot 0^n} \\
&= \frac{1}{2^n} \sum_{x \in \mathbb{B}^n} (-1)^{f(x)}。
\end{aligned}$$

从中可知，当且仅当$f(x)$为恒值时，$c(0^n) = \pm 1$，即

$$c(0^n) = \frac{1}{2^n} \sum_{x \in \mathbb{B}^n} (-1)^{f(x)}$$

$$=\begin{cases}\dfrac{1}{2^n}\sum\limits_{x\in\mathbb{B}^n}(-1)^0=\dfrac{1}{2^n}2^n=1 & 若f(x)\equiv 0\\ \dfrac{1}{2^n}\sum\limits_{x\in\mathbb{B}^n}(-1)^1=\dfrac{1}{2^n}(-2^n)=-1 & 若f(x)\equiv 1\end{cases}。$$

而当$f(x)$不是恒值时，即它为均衡时，必然有$\sum_{x\in\mathbb{B}^n}(-1)^{f(x)}$中的正项和负项数量刚好相等，故此时$c(0^n)=0$。

综上所述，$|c(0^n)|^2$是前n位状态$|\psi_n\rangle$测量结果为$|0^n\rangle$的概率，具体为

$$|c(0^n)|^2=\begin{cases}|\pm 1|^2=1 & 若f(x)是恒值的\\ |0|^2=0 & 若f(x)是均衡的\end{cases}。$$

由此可知，测量$|\psi_n\rangle$时，$f(x)$为恒值的等价于出现结果$|0^n\rangle$的概率为 1；$f(x)$不是恒值的，即为均衡的，等价于出现结果$|0^n\rangle$的概率为 0，没有任何中间可能性。由此，可按测量结果是否出现$|0^n\rangle$来判断布尔函数$f(x)$是恒值的，还是均衡的。

与 Deutsch 算法必然得到正确结果略有不同的是，Deutsch-Jozsa 算法是以概率 1 得到正确结果。这本是不一样的，但这个差异对量子计算而言，实际上又不存在，其原因如下：

概率论中，事件发生的“概率为 1”，称为“几乎必然”，但不一定就是“必然”；等价地，事件发生“概率为 0”，称为“几乎不可能”，但不一定就是“不可能”。确切地，在无限样本空间的情形，存在大量概率为 0 但可能发生的事件，等价地存在大量概率为 1 但非必然发生的事件。另一方面，在有限样本空间的情形，只有必然事件的概率才为 1，等价地只有不可能事件的概率才为 0。因此，在有限样本空间的情形，“以概率 1”即“几乎必然”就等于真正的“必然”，等价地“以概率 0”即“几乎不可能”就等于真正的“不可能”。

通用量子计算就是属于有限样本空间的情形。这是因为，一个n-位量子寄存器，其全部特征态的数量为2^n，对应着测量的所有可能结果数，也就是测量这个随机试验的样本空间大小，这显然是有限的。因此，在量子计算中，只要量子算法的成功概率是 1，就等于必然成功，该算法实际上就是确定性的。可见，Deutsch-Jozsa 算法最终也是确定性的，这一点上与 Deutsch 算

法没有区别。量子算法“沦为”确定性的，是极为特殊的情况。一般而言，量子计算是概率性的，且由于样本空间的有限性，真正概率性的就意味着必是以小于 1 的概率得到正确结果。那么，量子计算的这种概率性是不是它的一个缺陷呢？

练习 2.10　举例说明为什么以概率 1 发生的事件不一定是必然事件。

无论是固有概率性的量子算法，还是人为添加概率性的传统概率性算法——常称随机化算法，其计算的概率性并非什么缺陷。这有两个缘由：第一，概率性算法可通过算法的多次运行，放大成功概率到任意接近 1 的程度，以至于与确定性计算完全没有任何实际上的差别；第二，在某些情况下，概率性方法甚至可能更强。从下面 Deutsch-Jozsa 算法与相应传统概率性算法的比较中，可窥见其中的道理。

Deutsch-Jozsa 算法中，只知道要判定的n-元布尔函数$f(x)$要么是恒值的，要么是均衡的，除此之外不知道任何信息。要判断$f(x)$是否是恒值的（或等价地判断$f(x)$是否是均衡的），采用任何传统的确定性算法，最坏情况下要做$\frac{2^n}{2}+1=2^{n-1}+1$次$f(x)$的求值才能得出结论；而 Deutsch-Jozsa 算法，从前面的描述中可知，则仅需调用一次U_f。可见，前者的计算时间是后者的$O(2^n)$倍。这看起来，量子算法在此实现了“指数加速”，但正如前面提到的，很遗憾这个引号无法去掉，下面揭示为什么。

刚才讲到的是采用传统确定性算法，必须计算$f(x)$的值至少$2^{n-1}+1$次才能给出答案，确实如此。但是，如果不采用确定性算法，而是采用随机化算法，其结果又会怎样呢？

由于只知道n-元布尔函数$f(x)$要么是恒值的要么是均衡的，别无任何其他信息。因此，可假定$f(x)$是恒值的和是均衡的概率相等，即都为$\frac{1}{2}$。现在采用下面非常简单的一个随机化算法，这个算法给定计算次数，允许有一定概率出错，属于蒙特卡罗型随机化算法。

①对$x\in\mathbb{B}^n$随机抽样 $k\geq 0$次，算出k个$f(x)$的值。

②如果这k个$f(x)$的值有变化，即有不相等的值，则它必定不是恒值的，也就必定是均衡的，故此时判定$f(x)$为均衡的，结束；否则，抽到的k个$f(x)$的值全都为 0 或全都为 1，此时判定$f(x)$为恒值的，结束。

在步骤②中，当出现$f(x)$的值有变化的情况，判定$f(x)$为均衡的，这是确定性的正确结果。但是，当抽到的$f(x)$的值全都为 0 或全都为 1，就判定$f(x)$为恒值的，则可能出错，除非$k \geq 2^{n-1}+1$。现在来分析这个出错的概率多大。

函数$f(x)$是均衡的概率为$\frac{1}{2}$。假定它是均衡的，那么，每次抽到$f(x)$的值为 0 或为 1 的概率是必是$\frac{1}{2}$。这种情况下，k次抽样全抽到 0 或全抽到 1 就会导致出错。换句话说，出错的概率就等于$f(x)$为均衡的且k次抽到相同值（全 0 或全 1，下面不妨假定全为 0）的概率：

$$
\begin{aligned}
p_k &= \Pr\Big((f(x)\text{为均衡的}) \cap (f(x_1)=0, f(x_2)=0, \dots, f(x_k)=0)\Big) \\
&= \Pr\big(f(x)\text{为均衡的}\big) \times \\
&\quad \Pr\Big((f(x_1)=0, f(x_2)=0, \dots, f(x_k)=0) \,\Big|\, (f(x)\text{为均衡的})\Big) \\
&= \frac{1}{2}\left(\frac{1}{2}\right)^k = \frac{1}{2^{k+1}}。
\end{aligned}
$$

这个出错概率是指数衰减的，而且与问题的规模n完全没有关系，这是极好的情况。我们再来分析一些具体的数值。首先，$p_0=\frac{1}{2}$，即哪怕一次都没做，纯粹乱猜的出错率也就 50%；然后，$p_{29}=\frac{1}{2^{30}}\approx 10^{-9}$，做区区 29 次，出错的概率已下降到 10 亿分之一。这个简单的随机化算法，对付这个问题非常有效。当$n=50$，搜索空间达到 1000 万亿之巨，若用确定性算法，至少要进行 500 万亿次函数计算。但用这个概率性算法，若还是只做 29 次随机抽样函数计算，结果仍然是十亿分之一出错率，这在实际中已经是显得十分奢侈的极小概率了。这个$n=50$根本不算大规模的问题，但不管n多大，这个传统概率性算法照样能轻易保证以极小的计算量达到极低的出错率。为什么与n毫无关系？因为“恒值”与“均衡”之别就是与n毫无关系的。可见，Deutsch-Jozsa 算法所解决的问题确实太特殊，实用价值非常有限，同时也没有真正达到相对于传统算法有质的加速，更不是指数加速。但是，这毫不影响这个算法的里程碑意义，因为它启发了迄今为止最具革命性的两个量子算法诞生。

2.5　Grover 算法解析

1992 年出现的 Deutsch-Jozsa 算法，尽管它仍然显得初级，没有什么实用性，也没有在计算复杂度上相对于已有传统算法有质的改进，但在它的启发下，不久就相继出现了真正具有革命性的两个量子算法：第一个是在 Deutsch-Jozsa 算法提出的两年之后发现的 Shor 算法（Shor，1994），以真正的指数加速解决了大数分解和离散对数计算难题，迫使人们及时重新考虑基于这种计算难题的全球性信息安全基础设施，紧急加快后量子密码的研发；仅仅又过了两年之后，出现了 Grover 量子搜索算法（Grover，1996），以确定无疑的平方加速实现了一切传统算法不可能达到的搜索效率。这两个算法，也是迄今为止最著名的两个量子算法。

由于 Shor 算法分经典计算和量子计算两部分，故描述相对繁复一些。这里专门对只有量子计算的 Grover 算法进行解析。

2.5.1　问题与算法描述

Grover 算法的提出是针对无结构数据库搜索的。这个问题可描述为：给定一个具有N条记录的数据库，给定一个匹配准则，对其中的任一条记录，可轻易验证是否匹配；除此之外，该数据库没有任何结构信息，如没有排序，没有建立索引，没有哈希表一类的东西，等等。需找出匹配的记录。

这个问题可看成一个含N个元素的集合A，匹配准则为一个映射$f: A \to \{0,1\}$。其中，0 表示不匹配，1 表示匹配。假定集合中有M个元素是匹配的，$1 \leq M \leq N$，同时每个元素是否匹配是等概率的，没有先验信息可利用。Grover 算法就是要在这样的前提下，找出一个匹配的元素$a \in A, f(a) = 1$。Grover 算法只需做$O\left(\sqrt{\frac{N}{M}}\right)$次搜索即能以任意大的概率找到这样一个匹配的元素。为了聚焦于算法实质的揭示，后续只考虑$M = 1$的情况。此时，

Grover 算法只需做$O(\sqrt{N})$次搜索。

对集合A的元素进行二进制编码之后，即可得到问题的精确描述。

（1）Grover 算法求解的问题

要将含N个元素的集合用长度为n的二进制字串表示，只需$N \le 2^n$。不妨设$N = 2^n$，因为如果$N < 2^n$，那么，补充一些不匹配的元素即可。现在待搜索的集合由$\mathbb{B}^n$代表，是否匹配由一个n-元布尔函数$f: \mathbb{B}^n \to \mathbb{B}$代表。

①输入：n-元布尔函数$f(x)$，它仅在某一个点的值为 1，其余全为 0。$N = 2^n$。

②输出：使得$f(x) = 1$的x。

这是一个函数问题。

（2）Grover 算法描述

同前面一样，为了流畅、紧凑地展示算法步骤，在这里先省去推导，而在算法分析小节再集中给出所有的推导细节。

系统：

①量子寄存器和基。采用$(n+1)$-量子位寄存器，分成两部分：前面n位，最后 1 位；系统状态空间的规范正交基为$\{|xy\rangle \mid x \in \mathbb{B}^n, y \in \mathbb{B}\}$。

②算法的酉算子。只针对量子寄存器的前n位：

$$U_s = 2|s\rangle\langle s| - I,$$

其中，$|s\rangle$为基态的均匀分布叠加，即

$$|s\rangle \stackrel{\text{def}}{=} \frac{1}{\sqrt{N}}\sum_{x=0}^{N-1}|x\rangle。$$

③问题的量子黑箱U_f。采用通用方法对基态定义为

$$U_f|x\rangle|y\rangle = |x\rangle|y \oplus f(x)\rangle,$$

其中，$x \in \mathbb{B}^n, y \in \mathbb{B}$。

步骤：

①配置初态：

$$|\psi\rangle = |0\rangle^{\otimes n}|1\rangle。$$

②阿达马变换：

$$\begin{aligned}|\psi\rangle &\mapsto H^{\otimes(n+1)}|\psi\rangle \\ &= H^{\otimes n}|0\rangle^{\otimes n}H|1\rangle \\ &= |s\rangle|-\rangle。\end{aligned}$$

③Grover 变换，含两个变换。先是对整个量子寄存器进行量子黑箱变换U_f，接着是对前n位进行U_s变换，而最后一位不变：

$$|\psi\rangle \mapsto U_f|\psi\rangle,$$

$$|\psi\rangle \mapsto (U_s \otimes I)|\psi\rangle。$$

④步骤③重复$r = \left\lfloor\frac{\pi\sqrt{N}}{4}\right\rfloor$次。其中，$\lfloor\cdot\rfloor$是底函数。

⑤测量前n位，得到$|x\rangle$，验证是否$f(x) = 1$，若是，成功；否则，到下一步。

⑥整个过程运行$k \geq 1$次。整个过程是指步骤①—⑤。

2.5.2　实现的讨论与简单示例

在 Deutsch-Jozsa 算法中，算法酉算子仅仅直接用到现成的阿达马门。而这里的 Grover 算法所采用的算法酉算子为$U_s = 2|s\rangle\langle s| - I$，这是一个 1.3.4 小节中的反射变换，在 Grover 算法中被称为“扩散”。Grover 算法中量子黑箱的实现采用 2.2.2 小节中的通用方法，在 2.2.3 小节中已有专门讨论，不再赘述。因此，下面重点讨论 Grover 扩散算子的实现。

（1）Grover 扩散算子的实现

首先利用 2.1.3 小节中的结果。实际上

$$\begin{aligned}|s\rangle &= \frac{1}{\sqrt{N}}\sum_{x=0}^{N-1}|x\rangle \\ &= H^{\otimes n}|0\rangle^{\otimes n}。\end{aligned}$$

由于$HH = I$，利用 1.4 节中张量积的混合积性质，有

$$H^{\otimes n}H^{\otimes n} = (HH)^{\otimes n} = I^{\otimes n} = I。$$

注意，其中省略了不同阶单位矩阵阶数的下标，故

$$\begin{aligned}U_s &= 2|s\rangle\langle s| - I\\&= 2H^{\otimes n}|0\rangle^{\otimes n}\langle 0|^{\otimes n}H^{\otimes n} - I\\&= 2H^{\otimes n}|0\rangle^{\otimes n}\langle 0|^{\otimes n}H^{\otimes n} - H^{\otimes n}H^{\otimes n}\\&= H^{\otimes n}\left(2|0\rangle^{\otimes n}\langle 0|^{\otimes n} - I\right)H^{\otimes n}\\&= H^{\otimes n}(2|0^n\rangle\langle 0^n| - I)H^{\otimes n}\\&= H^{\otimes n}U_0H^{\otimes n},\end{aligned}$$

其中

$$U_0 \stackrel{\text{def}}{=} 2|0^n\rangle\langle 0^n| - I。$$

可见，扩散算子U_s是 3 个算子的复合。其中，两头的算子就是现成的阿达马门，故实现只需考虑中间那个算子U_0。考查U_0实现的功能，只需考查它对任一基态$|x\rangle \stackrel{\text{def}}{=} |x_1x_2\cdots x_n\rangle$的作用：

$$\begin{aligned}U_0|x\rangle &= (2|0^n\rangle\langle 0^n| - I)|x\rangle\\&= 2|0^n\rangle\langle 0^n|x\rangle - |x\rangle\\&= 2|0^n\rangle\delta_{0^nx} - |x\rangle\\&= 2|x\rangle\delta_{0^nx} - |x\rangle\\&= (2\delta_{0^nx} - 1)|x\rangle\\&= (-1)^{\delta_{0^nx}}|x\rangle\\&= \begin{cases}|x\rangle & 若x = 0^n\\-|x\rangle & 若x \neq 0^n\end{cases}。\end{aligned}$$

很多东西都在表达同一事实，就是U_0对基态的作用是，当且仅当$|x\rangle \stackrel{\text{def}}{=} |x_1x_2\cdots x_n\rangle = |00\cdots 0\rangle$时不变，其余反相，即可表示为

$$U_0|x\rangle = (-1)^{x_1\vee x_2\vee\cdots\vee x_n}|x\rangle。$$

由于系统状态的总相位因子并不影响结果，可以加一个总相位因子(-1)——即对任意$|x\rangle$都有这个因子。这样，运用 2.1.3 中关于异或的性质，就有

$$\begin{aligned}U_0|x\rangle &= (-1)(-1)^{x_1\vee x_2\vee\cdots\vee x_n}|x\rangle\\&= (-1)^{1\oplus(x_1\vee x_2\vee\cdots\vee x_n)}|x\rangle\\&= (-1)^{\neg x_1\wedge\neg x_2\wedge\cdots\wedge\neg x_n}|x\rangle。\end{aligned}$$

由此可知，实现U_0只需如下定义的一个n-位受控门：

$$\mathrm{C}^n(-I)|x\rangle|y\rangle = |x\rangle(-I)^{\neg x_1\wedge\neg x_2\wedge\cdots\wedge\neg x_n}|y\rangle。$$

其中，$y \in \mathbb{B}$可视为提供反相因子的辅助位。这个n-位受控门的实现只需n对非门和n对托佛利门（Nielsen et al，2010），复杂度仅为$O(n) = O(\log N)$。

这是一般情况。为了得到关于扩散算子U_s实现的一个鲜明印象，下面针对$n = 2$的情况，构造一个简单明确的扩散算子。

（2）2-量子位扩散算子实现

针对$n = 2$这个简单的情况，可直接写出扩散算子U_s中U_0的变换矩阵：

$$\begin{aligned} U_0 &= 2|00\rangle\langle 00| - I \\ &= 2\begin{bmatrix}1\\0\\0\\0\end{bmatrix}\begin{bmatrix}1 & 0 & 0 & 0\end{bmatrix} - I \\ &= \begin{bmatrix}1 & 0 & 0 & 0\\0 & -1 & 0 & 0\\0 & 0 & -1 & 0\\0 & 0 & 0 & -1\end{bmatrix} \\ &= \begin{bmatrix}Z & O\\O & -I\end{bmatrix}。\end{aligned}$$

这个U_0有一个具体的实现方法（Nielsen et al，2010）。其量子线路如图 2.8 所示。

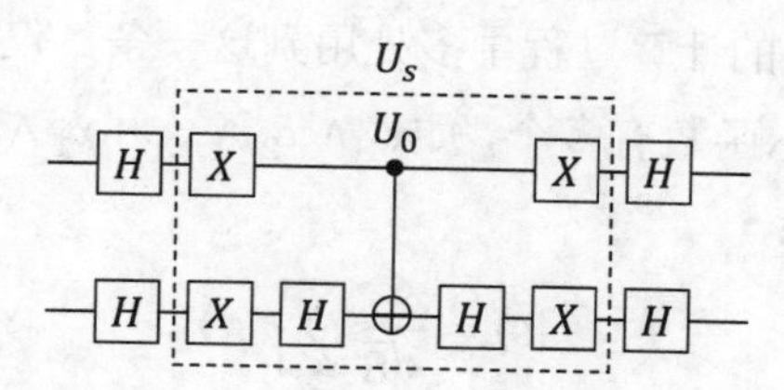

图 2.8　2-量子位 Grover 扩散算子的一个实现

现在验证图 2.8 的量子线路是否真的实现了U_0。考查该量子线路的矩阵表达：

$$\begin{aligned} &(X \otimes X)(I \otimes H)\mathrm{CNOT}(I \otimes H)(X \otimes X) \\ &= (X \otimes XH)CNOT(X \otimes HX) \\ &= \begin{bmatrix}O & XH\\XH & O\end{bmatrix}\begin{bmatrix}I & O\\O & X\end{bmatrix}\begin{bmatrix}O & HX\\HX & O\end{bmatrix} \\ &= \begin{bmatrix}O & XHX\\XH & O\end{bmatrix}\begin{bmatrix}O & HX\\HX & O\end{bmatrix} \\ &= \begin{bmatrix}XHXHX & O\\O & XHHX\end{bmatrix}\end{aligned}$$

$$= \begin{bmatrix} XZX & O \\ O & I \end{bmatrix}$$
$$= \begin{bmatrix} -Z & O \\ O & I \end{bmatrix} = -\begin{bmatrix} Z & O \\ O & -I \end{bmatrix} = -U_0。$$

其中用到了 2.1.3 小节中量子门的性质及它们之间的关系。可见，除了相差一个可忽略的总相位因子(-1)之外，该量子线路实现了扩散算子中的U_0。注意到图 2.8 的整个扩散算子U_S中，$HXH = Z$，该量子线路其实可变成如图 2.9 所示的量子线路，对应的矩阵表达为

$$(HX \otimes Z)\mathrm{CNOT}(XH \otimes Z)。$$

这使得扩散算子总体构造得以简化。

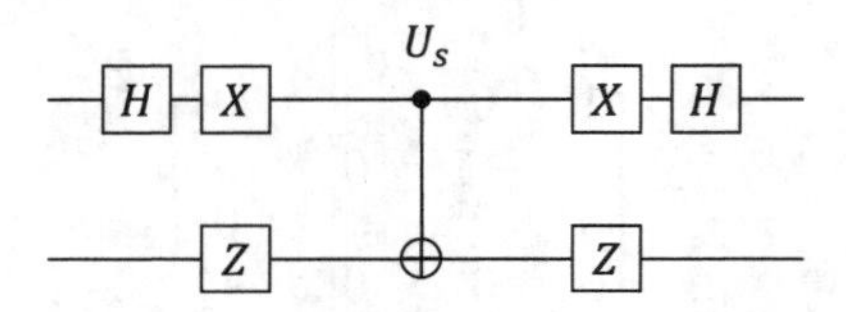

图 2.9　简化后的 2-量子位 Grover 扩散算子

（3）计算示例

考虑$n = 3$即$N = 2^n = 8$的情况。设$f(x)$仅有 1 个值$f(z) = 1$而其余 7 个值全为 0，下面的计算过程中多处用到这一条。仅有 1 个值为 1 而其余都为 0 的 3-元布尔函数有多个，如$x_1 \wedge x_2 \wedge x_3$和$x_1 \wedge x_2 \wedge \neg x_3$等，都是这种情况的实例。此时

$$|\mathrm{s}\rangle = \frac{1}{\sqrt{8}} \sum_{x \in \mathbb{B}^3} |x\rangle。$$

①配置初态：

$$|\psi\rangle = |0\rangle^{\otimes n}|1\rangle = |0\rangle^{\otimes 3}|1\rangle = |000\rangle|1\rangle。$$

②阿达马变换：

$$|\psi\rangle \mapsto H^{\otimes(n+1)}|\psi\rangle = H^{\otimes 4}|000\rangle|1\rangle = |\mathrm{s}\rangle|-\rangle。$$

③Grover 变换，含两个变换：先是对整个寄存器进行量子黑箱变换U_f，接着是对前$n = 3$位进行U_s变换而最后一位不变。

第一，进行量子黑箱变换U_f。为此，先计算对基态的变换

$$U_f|x\rangle|-\rangle = \frac{1}{\sqrt{2}} U_f(|x\rangle|0\rangle - |x\rangle|1\rangle)$$

$$
\begin{aligned}
&= \frac{1}{\sqrt{2}}\left(U_f|x\rangle|0\rangle - U_f|x\rangle|1\rangle\right) \\
&= \frac{1}{\sqrt{2}}(|x\rangle|0 \oplus f(x)\rangle - |x\rangle|1 \oplus f(x)\rangle) \\
&= \frac{1}{\sqrt{2}}|x\rangle(|f(x)\rangle - |1 \oplus f(x)\rangle) \\
&= \frac{1}{\sqrt{2}}(-1)^{f(x)}|x\rangle(|0\rangle - |1\rangle) \\
&= (-1)^{f(x)}|x\rangle|-\rangle。
\end{aligned}
$$

于是

$$
\begin{aligned}
|\psi\rangle \mapsto & U_f|\psi\rangle \\
&= U_f|s\rangle|-\rangle \\
&= \frac{1}{\sqrt{8}}\sum_{x\in\mathbb{B}^3} U_f|x\rangle|-\rangle \\
&= \frac{1}{\sqrt{8}}\sum_{x\in\mathbb{B}^3} (-1)^{f(x)}|x\rangle|-\rangle \\
&= \left(|s\rangle - \frac{2}{\sqrt{8}}|z\rangle\right)|-\rangle。
\end{aligned}
$$

第二，进行扩散变换，仅对前$n = 3$位进行。为此，先计算

$$
\langle s|x\rangle = \frac{1}{\sqrt{8}}\sum_{u\in\mathbb{B}^3}\langle u|x\rangle = \frac{1}{\sqrt{8}},
$$

于是

$$
\begin{aligned}
U_s|x\rangle &= (2|s\rangle\langle s| - I)|x\rangle \\
&= 2|s\rangle\langle s|x\rangle - |x\rangle \\
&= 2|s\rangle\frac{1}{\sqrt{8}} - |x\rangle \\
&= \frac{2}{\sqrt{8}}|s\rangle - |x\rangle。
\end{aligned}
$$

而

$$
\begin{aligned}
U_s|s\rangle &= (2|s\rangle\langle s| - I)|s\rangle \\
&= 2|s\rangle\langle s|s\rangle - |s\rangle \\
&= |s\rangle。
\end{aligned}
$$

这样，就有前 3 位扩散变换为

$$\begin{aligned}\left(|s\rangle-\frac{2}{\sqrt{8}}|z\rangle\right) \mapsto U_s\left(|s\rangle-\frac{2}{\sqrt{8}}|z\rangle\right) &= U_s|s\rangle-\frac{2}{\sqrt{8}}U_s|z\rangle \\ &= |s\rangle-\frac{2}{\sqrt{8}}\left(\frac{2}{\sqrt{8}}|s\rangle-|z\rangle\right) \\ &= \frac{1}{2}|s\rangle+\frac{2}{\sqrt{8}}|z\rangle。\end{aligned}$$

④步骤③重复$r=\left\lfloor\frac{\pi\sqrt{N}}{4}\right\rfloor=\left\lfloor\frac{\pi\sqrt{8}}{4}\right\rfloor=\lfloor 2.22\rfloor=2$次。因此，还需要做一次步骤③。当前整个系统的状态为

$$\begin{aligned}|\psi\rangle &= \left(\frac{1}{2}|s\rangle+\frac{2}{\sqrt{8}}|z\rangle\right)|-\rangle \\ &= \frac{1}{2}|s\rangle|-\rangle+\frac{2}{\sqrt{8}}|z\rangle|-\rangle。\end{aligned}$$

第一，进行量子黑箱变换U_f。利用③中已有的结果，可得

$$U_f|s\rangle|-\rangle=\left(|s\rangle-\frac{2}{\sqrt{8}}|z\rangle\right)|-\rangle,$$

而

$$U_f|z\rangle|-\rangle=(-1)^{f(z)}|z\rangle|-\rangle=-|z\rangle|-\rangle。$$

于是

$$\begin{aligned}|\psi\rangle &\mapsto U_f|\psi\rangle \\ &= U_f\left(\frac{1}{2}|s\rangle|-\rangle+\frac{2}{\sqrt{8}}|z\rangle|-\rangle\right) \\ &= \frac{1}{2}U_f|s\rangle|-\rangle+\frac{2}{\sqrt{8}}U_f|z\rangle|-\rangle \\ &= \frac{1}{2}\left(|s\rangle-\frac{2}{\sqrt{8}}|z\rangle\right)|-\rangle-\frac{2}{\sqrt{8}}|z\rangle|-\rangle \\ &= \left(\frac{1}{2}|s\rangle-\frac{3}{\sqrt{8}}|z\rangle\right)|-\rangle。\end{aligned}$$

第二，进行扩散变换U_s，仅对前$n=3$位进行。同样，利用③中已有的结果，

$$U_s|s\rangle = |s\rangle,$$
$$U_s|z\rangle = \frac{2}{\sqrt{8}}|s\rangle - |z\rangle,$$

就有

$$\begin{aligned}
\left(\frac{1}{2}|s\rangle - \frac{3}{\sqrt{8}}|z\rangle\right) \mapsto U_s\left(\frac{1}{2}|s\rangle - \frac{3}{\sqrt{8}}|z\rangle\right) \\
&= \frac{1}{2}U_s|s\rangle - \frac{3}{\sqrt{8}}U_s|z\rangle \\
&= \frac{1}{2}|s\rangle - \frac{3}{\sqrt{8}}\left(\frac{2}{\sqrt{8}}|s\rangle - |z\rangle\right) \\
&= -\frac{1}{4}|s\rangle + \frac{3}{\sqrt{8}}|z\rangle \\
&= -\frac{1}{4\sqrt{8}}\sum_{z\neq x\in\mathbb{B}^3}|x\rangle + \left(\frac{3}{\sqrt{8}} - \frac{1}{4\sqrt{8}}\right)|z\rangle \\
&= -\frac{1}{4\sqrt{8}}\sum_{z\neq x\in\mathbb{B}^3}|x\rangle + \frac{11}{4\sqrt{8}}|z\rangle。
\end{aligned}$$

⑤测量前$n=3$位，得到x，而$x=z$的概率为$\left(\frac{11}{4\sqrt{8}}\right)^2 = \frac{121}{128} \approx 95\%$。

⑥若验证后发现$f(x)\neq 1$，即$x\neq z$，则从头开始重复运行整个过程$k\geq 1$次。注意：首先，测量之后状态已坍缩到传统比特状态，所以只能从头开始而不是又去重复步骤③；其次，算法内部步骤③的重复次数也不能随意增加，为什么会如此处理将在下一小节中分析。

2.5.3　算法分析

设 Grover 算法所处理的n-元布尔函数$f(x)$存在唯一的匹配点为z，即

$$f(x) = \begin{cases} 1 & 若x = z \\ 0 & 若x \neq z \end{cases}。$$

Grover 算法的核心在于 Grover 变换。它由两部分组成：先调用量子黑箱U_f，接着调用扩散算子U_s。量子黑箱U_f作用于所有$n+1$个量子位，而扩散算子U_s仅作用于前n个量子位，这是 Grover 算法在量子计算机中会实际发生的事情，但这就给算法的分析带来了不便。下面首先解决这个问题。

（1）量子黑箱的分解

上一小节的示例中已推导出

$$U_f|x\rangle|-\rangle = (-1)^{f(x)}|x\rangle|-\rangle。$$

实际上，这个推导与n是无关的，故此处不必再重复推导一遍。这个式子表明，系统初始化之后在量子黑箱U_f作用下第$n+1$位（即最后一位）不会发生变化。或者说，辅助位$|-\rangle$不与系统的主要部分（即$|x\rangle$代表的前n位）发生纠缠，这就意味着量子黑箱可分解成两部分：一部分作用于前n位；另一部分以恒等算子的方式作用于最后一位。具体而言，就是

$$U_f = U_z \otimes I_2，$$

其中，U_z完成U_f对前n位的作用，即

$$\begin{aligned} U_z|x\rangle &= (-1)^{f(x)}|x\rangle \\ &= \begin{cases} -|x\rangle & 若x = z \\ |x\rangle & 若x \neq z \end{cases}。\end{aligned}$$

这样，还可写出U_z的矩阵形式：

$$U_z = I - 2|z\rangle\langle z|。$$

其正确性只需进行下面的验证即知：

$$\begin{aligned} U_z|x\rangle &= (I - 2|z\rangle\langle z|)|x\rangle \\ &= |x\rangle - 2|z\rangle\langle z|x\rangle \\ &= |x\rangle - 2|z\rangle\delta_{zx} \\ &= \begin{cases} -|x\rangle & 若x = z \\ |x\rangle & 若x \neq z \end{cases}。\end{aligned}$$

这样，算法的分析可仅仅对前n位进行，原来分成两部分的 Grover 变换，现在可方便地复合成一个：

$$\begin{aligned} G &\overset{\text{def}}{=} U_s U_z \\ &= (2|s\rangle\langle s| - I)(I - 2|z\rangle\langle z|)。\end{aligned}$$

其中，原来作用于整个$n+1$位的量子黑箱U_f由现在仅作用于前n位的量子黑箱U_z替代。这就使得下面的分析可聚焦于系统状态的主要部分，即前n位。

（2）前n位状态演化

前n位的初态为$|0\rangle^{\otimes n}$，经阿达马变换成为

$$|s\rangle = \frac{1}{\sqrt{N}} \sum_{x \in \mathbb{B}^n} |x\rangle,$$

也可写成

$$|s\rangle = \frac{1}{\sqrt{N}} \sum_{x=0}^{N-1} |x\rangle。$$

算法的后续过程就是对$|\mathrm{s}\rangle$重复进行r次 Grover 变换，即$G = U_s U_z$变换。因此，我们希望求出$G^r|\mathrm{s}\rangle$的表达式。

首先考查 Grover 变换G对基态的作用。

由

$$\langle z|x\rangle = \delta_{zx}$$

以及

$$\langle s|x\rangle = \frac{1}{\sqrt{N}} \sum_{u=0}^{N-1} \langle u|x\rangle = \frac{1}{\sqrt{N}}$$

可得

$$\begin{aligned}
G|x\rangle &= U_s U_z |x\rangle \\
&= (2|s\rangle\langle s| - I)(I - 2|z\rangle\langle z|)|x\rangle \\
&= (2|s\rangle\langle s| - I)(|x\rangle - 2|z\rangle\delta_{zx}) \\
&= 2|s\rangle\langle s|(|x\rangle - 2|z\rangle\delta_{zx}) - (|x\rangle - 2|z\rangle\delta_{zx}) \\
&= \frac{2}{\sqrt{N}}|s\rangle - \frac{4}{\sqrt{N}}|s\rangle\delta_{zx} - |x\rangle + 2|z\rangle\delta_{zx} \\
&= \begin{cases} \dfrac{2}{\sqrt{N}}|s\rangle - |x\rangle & x \neq z \\ -\left(\dfrac{2}{\sqrt{N}}|s\rangle - |x\rangle\right) & x = z \end{cases} \\
&= (-1)^{\delta_{zx}} \left(\frac{2}{\sqrt{N}}|s\rangle - |x\rangle\right)。
\end{aligned}$$

这个式子在后面的推导中将用到。

将$|s\rangle$中$|z\rangle$的那一项分离出来，写为

$$
\begin{aligned}
|s\rangle &= \frac{1}{\sqrt{N}}\sum_{x=0}^{N-1}|x\rangle \\
&= \frac{1}{\sqrt{N}}\sum_{\substack{x=0\\x\neq z}}^{N-1}|x\rangle + \frac{1}{\sqrt{N}}|z\rangle。
\end{aligned}
$$

有了这些准备之后，现在来求一般表达式$G^r|s\rangle$（$r = 0,1,2,\ldots$）。其中，$G^0|s\rangle \equiv |s\rangle$。采用递推方法。假设

$$
G^r|s\rangle = c_r\sum_{\substack{x=0\\x\neq z}}^{N-1}|x\rangle + d_r|z\rangle。
$$

这个假设显然在$r = 0$时是对的，其中

$$
c_0 = \frac{1}{\sqrt{N}}, d_0 = \frac{1}{\sqrt{N}}。
$$

下面的推导过程中，实际上隐含了该假设的归纳法证明。现考查$r+1$时的情况。

$$
\begin{aligned}
G^{r+1}|s\rangle &= GG^r|s\rangle \\
&= c_r\sum_{\substack{x=0\\x\neq z}}^{N-1}G|x\rangle + d_rG|z\rangle \\
&= c_r\sum_{\substack{x=0\\x\neq z}}^{N-1}(-1)^{\delta_{zx}}\left(\frac{2}{\sqrt{N}}|s\rangle - |x\rangle\right) + d_r(-1)^{\delta_{zz}}\left(\frac{2}{\sqrt{N}}|s\rangle - |z\rangle\right) \\
&= c_r\sum_{\substack{x=0\\x\neq z}}^{N-1}\left(\frac{2}{\sqrt{N}}|s\rangle - |x\rangle\right) - d_r\left(\frac{2}{\sqrt{N}}|s\rangle - |z\rangle\right) \\
&= c_r\frac{2(N-1)}{\sqrt{N}}|s\rangle - c_r\sum_{\substack{x=0\\x\neq z}}^{N-1}|x\rangle - d_r\left(\frac{2}{\sqrt{N}}|s\rangle - |z\rangle\right) \\
&= \frac{2(N-1)c_r - 2d_r}{\sqrt{N}}|s\rangle - c_r\sum_{\substack{x=0\\x\neq z}}^{N-1}|x\rangle + d_r|z\rangle
\end{aligned}
$$

$$= \frac{2Nc_r - 2c_r - 2d_r}{N} \sum_{x=0}^{N-1} |x\rangle - c_r \sum_{\substack{x=0 \\ x \neq z}}^{N-1} |x\rangle + d_r |z\rangle$$

$$= \frac{(N-2)c_r - 2d_r}{N} \sum_{\substack{x=0 \\ x \neq z}}^{N-1} |x\rangle + \frac{2(N-1)c_r + (N-2)d_r}{N} |z\rangle。$$

于是，得到

$$c_{r+1} = \frac{(N-2)c_r - 2d_r}{N},$$

$$d_{r+1} = \frac{2(N-1)c_r + (N-2)d_r}{N}。$$

将这个差分方程组写成矩阵形式，并带上初始条件，就是

$$\begin{bmatrix} c_{r+1} \\ d_{r+1} \end{bmatrix} = \frac{1}{N} \begin{bmatrix} N-2 & -2 \\ 2(N-1) & N-2 \end{bmatrix} \begin{bmatrix} c_r \\ d_r \end{bmatrix},$$

$$\begin{bmatrix} c_0 \\ d_0 \end{bmatrix} = \frac{1}{\sqrt{N}} \begin{bmatrix} 1 \\ 1 \end{bmatrix}。$$

可采用 Z 变换或矩阵相似变换求解这个差分方程。不妨采用第二种方法，关键步骤如下：易验证$\forall N \geq 1$有$0 \leq \frac{2\sqrt{N-1}}{N} \leq 1$，所以可令

$$\varphi = \arcsin \frac{2\sqrt{N-1}}{N},$$

于是

$$\frac{1}{N} \begin{bmatrix} N-2 & -2 \\ 2(N-1) & N-2 \end{bmatrix} = T \begin{bmatrix} \mathrm{e}^{\mathrm{i}\varphi} & 0 \\ 0 & \mathrm{e}^{-\mathrm{i}\varphi} \end{bmatrix} T^{-1},$$

其中

$$T = \frac{1}{\sqrt{N}} \begin{bmatrix} \mathrm{i} & \mathrm{i} \\ \sqrt{N-1} & -\sqrt{N-1} \end{bmatrix},$$

$$T^{-1} = \frac{\sqrt{N}}{2} \begin{bmatrix} -\mathrm{i} & \frac{1}{\sqrt{N-1}} \\ -\mathrm{i} & -\frac{1}{\sqrt{N-1}} \end{bmatrix}。$$

这样就有

$$\begin{bmatrix} c_r \\ d_r \end{bmatrix} = T \begin{bmatrix} \mathrm{e}^{\mathrm{i}\varphi} & 0 \\ 0 & \mathrm{e}^{-\mathrm{i}\varphi} \end{bmatrix} T^{-1} \begin{bmatrix} c_{r-1} \\ d_{r-1} \end{bmatrix}$$

$$
\begin{aligned}
&= T\begin{bmatrix} e^{i\varphi} & 0 \\ 0 & e^{-i\varphi} \end{bmatrix}^r T^{-1}\begin{bmatrix} c_0 \\ d_0 \end{bmatrix} \\
&= T\begin{bmatrix} e^{ir\varphi} & 0 \\ 0 & e^{-ir\varphi} \end{bmatrix} T^{-1}\frac{1}{\sqrt{N}}\begin{bmatrix} 1 \\ 1 \end{bmatrix} \\
&= \frac{1}{2\sqrt{N}}\begin{bmatrix} \frac{i}{\sqrt{N-1}} & -\frac{i}{\sqrt{N-1}} \end{bmatrix}\begin{bmatrix} -ie^{ir\varphi} + \frac{1}{\sqrt{N-1}}e^{ir\varphi} \\ -ie^{-ir\varphi} - \frac{1}{\sqrt{N-1}}e^{-ir\varphi} \end{bmatrix} \\
&= \frac{1}{\sqrt{N}}\begin{bmatrix} \cos r\varphi - \frac{1}{\sqrt{N-1}}\sin r\varphi \\ \sqrt{N-1}\sin r\varphi + \cos r\varphi \end{bmatrix} \\
&= \begin{bmatrix} \frac{1}{\sqrt{N}}\cos r\varphi - \frac{1}{\sqrt{N}\sqrt{N-1}}\sin r\varphi \\ \frac{\sqrt{N-1}}{\sqrt{N}}\sin r\varphi + \frac{1}{\sqrt{N}}\cos r\varphi \end{bmatrix}。
\end{aligned}
$$

又令

$$
\theta = \arcsin\frac{1}{\sqrt{N}},
$$

就可进一步写出

$$
\begin{aligned}
\begin{bmatrix} c_r \\ d_r \end{bmatrix} &= \begin{bmatrix} \sin\theta\cos r\varphi - \frac{1}{\sqrt{N-1}}\sin\theta\sin r\varphi \\ \cos\theta\sin r\varphi + \sin\theta\cos r\varphi \end{bmatrix} \\
&= \begin{bmatrix} \sin\theta\cos r\varphi - \frac{1}{\sqrt{N-1}}\sin\theta\sin r\varphi \\ \sin(\theta + r\varphi) \end{bmatrix}。
\end{aligned}
$$

可见，经过r次重复应用 Grover 变换G之后，前n位的状态变为

$$
G^r|s\rangle = c_r\sum_{\substack{x=0 \\ x\neq z}}^{N-1}|x\rangle + d_r|z\rangle。
$$

其中

$$
d_r = \sin(\theta + r\varphi),
$$

因此，测量得到正确结果$|z\rangle$的概率为

$$
p = |d_r|^2 = \sin^2(\theta + r\varphi)。
$$

下面将利用这个公式，回答几个重要问题，包括 Grover 变换的重复次数r应该是多少，以及成功概率p能达到多大。

（3）Grover 变换重复次数与成功概率

前面推出了 Grover 算法的成功概率为

$$p = \sin^2(\theta + r\varphi)。$$

其中

$$\theta = \arcsin\frac{1}{\sqrt{N}},$$

$$\varphi = \arcsin\frac{2\sqrt{N-1}}{N}。$$

数据量$N = 2^n$必定是已知的，不然量子算法所需的量子位数n都不能确定；于是，$\theta = \theta(N)$和$\varphi = \varphi(N)$都是已知的。现在，成功概率表达式中，唯有 Grover 变换的重复次数r尚未确定。成功概率是一个具有周期性的三角函数，因而显然不是r越大越好。下面讨论如何确定r的问题。

显然，如果$\theta + r\varphi = \frac{\pi}{2}$，成功概率达到最大值$\sin^2\frac{\pi}{2}=1$。但由于重复次数$r$是整数，一般做不到刚好能选取一个$r$使得$\theta + r\varphi = \frac{\pi}{2}$。那么，可考虑通过求解一个优化问题得到最佳重复次数r^*：

$$r^* = r^*(N) = \arg\min_{r\in\mathbb{N}}\left|\theta + r\varphi - \frac{\pi}{2}\right|。$$

其中，$r^* = r^*(N)$表示r^*是N的函数。这确实是一个办法。不过，由此得不出$r^*(N)$的显式，阻碍了进一步的分析。现在寻求最佳重复次数的一个估计值$\hat{r} = \hat{r}(N)$，要求它是一个显式。实际上，通过下面近似分析得到的估计式，仍具最优性（Boyer et al，1998）。

有一个明显的事实，就是只要当N充分大，θ和φ就充分小。此时，有近似关系$\theta \approx \sin\theta = \frac{1}{\sqrt{N}}$，$\varphi \approx \sin\varphi = \frac{2\sqrt{N-1}}{N} \approx \frac{2}{\sqrt{N}}$，相应地

$$\theta + r\varphi \approx \frac{1}{\sqrt{N}} + r\frac{2}{\sqrt{N}} = \frac{2r+1}{\sqrt{N}}。$$

故当N充分大时，若令$\frac{2r+1}{\sqrt{N}} \approx \frac{\pi}{2}$，就有

$$r \approx \frac{\pi\sqrt{N}}{4} - \frac{1}{2} \approx \frac{\pi\sqrt{N}}{4},$$

由于r是整数，故取

$$\hat{r} \stackrel{\text{def}}{=} \left\lfloor \frac{\pi\sqrt{N}}{4} \right\rfloor。$$

这就是 Grover 变换最佳重复次数估计值的显式。Grover 变换重复$\hat{r} = \hat{r}(N) = \left\lfloor \frac{\pi\sqrt{N}}{4} \right\rfloor$次对应的成功概率为

$$p = p(N) = \sin^2(\theta + \hat{r}\varphi)。$$

于是，给定一个数据量为N的搜索问题，就可具体地算出 Grover 算法的相应成功概率来。例如，$N = 2,4,\dots,128$的成功概率如图 2.10 所示。

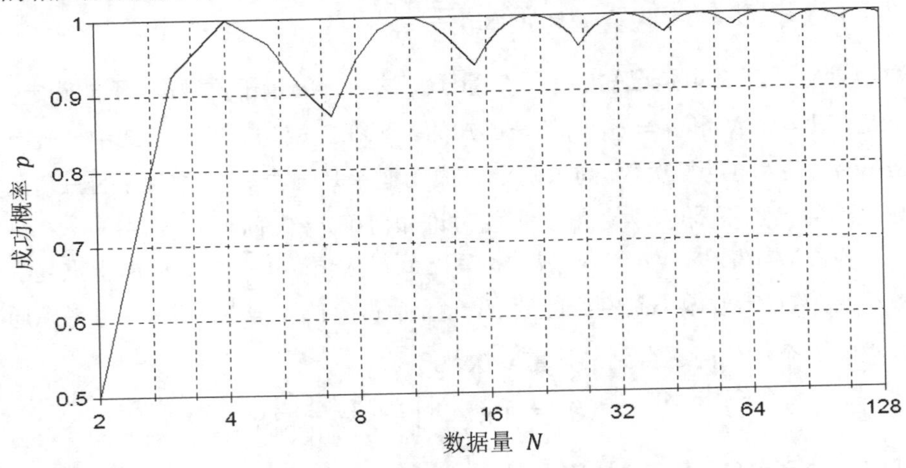

图 2.10　Grover 算法的成功概率

由图 2.10 可知，当$N = 2$时，成功概率只有 50%；当$N = 4$时，成功概率则恰巧达到 100%；当$N = 8$时，又降到大约 95%，等等。总体趋势是，随着数据量N的增加，Grover 算法的成功概率波动上升。这是很好的情况，说明 Grover 算法对规模越大的问题效果越好。

但是，有一个重要问题尚未解决，那就是算法的成功概率究竟要多大才是“安全的”？如 95%够吗？毕竟还有 5%的概率会失败，这在相当多的重要情况下是不能容忍的，如涉及重大安全事项的场合。那么，99%够不够，99.99%够不够？回答是，仍然可能不够。例如，一个概率性算法作为一个子程序，假设短时间内就要被调用 100 万次，那么，哪怕该算法的成功概

率是 99.99%，它平均在一个短时间内就会出现 100 次错误，这也是不能容忍的。因此要问，一个概率性算法的成功概率究竟要多高才是“安全的”？回答只能是：根据需求，要多高有多高。

Grover 算法满足这个“要多高有多高”的要求吗？想象一个情境，假如 Grover 算法被用作一个关键程序的子程序，任务很简单，就是处理长度为 7 比特的字串匹配问题，但平均每秒要调用 50 万次 Grover 算法子程序。此时，$N=2^7=128$，可算出 Grover 算法的成功概率为 99.57%，意味着平均每秒出错 215 次，这是太大的出错率了。

是不是 Grover 算法的成功概率不满足要求呢？概率性算法成功概率“要多高有多高”的意思是什么？怎么才能办到？

答案藏在前面描述 Grover 算法步骤中的最后一步，即步骤⑥，“若不成功，整个算法重复运行$k\geq 1$次”。这一步并非 Grover 算法特有。事实上，概率性算法都有这样一个共同的最终步骤，使得整个计算由两个层次构成，即首先算法本身保证一定的成功概率，然后运行整个算法k次，随着k的增加，可使得整个计算的成功概率任意接近 1。但要达到这一点的一个关键，就是算法本身的成功概率是否有一个好的下界。“好的下界”可粗略地理解为，该下界使得随着k的增加，成功概率指数增长。这显得有些笼统，但对 Grover 算法而言，只要有一个大于 0 的与问题规模无关的常数下界即可，下面分析为什么会如此。

设 Grover 算法本身的成功概率是$p=p(N)$，那么，Grover 算法运行k次之后成功概率变为多少？对于 Grover 算法所解决的问题，解的验证是容易的（按计算复杂性理论表述为多项式时间可验证），故运行k次失败就是每一次验证的结果都是失败。因此，运行k次成功的概率为

$$1-\left(1-p(N)\right)^k。$$

初看起来，只要$p(N)>0$，成功概率都会随着k增加而指数增长。但是，如果$p(N)$与数据量N有关——特别是它随着N的增加而快速减小，那就可能出现问题。例如，假设$p(N)=\frac{1}{N}>0$，虽然成功概率严格大于 0，但这时就会有问题，因为N非常大时，由$\left(1-\frac{1}{N}\right)^N\approx \mathrm{e}^{-1}$，得$\left(1-p(N)\right)^k=\left(1-\frac{1}{N}\right)^k=$

$\left(1-\frac{1}{N}\right)^{N\frac{k}{N}} \approx \mathrm{e}^{-\frac{k}{N}}$；可见，当$k=N=2^n$时，计算量已达遍历所有数据的程度，成功概率才为$1-\mathrm{e}^{-1}\approx 63\%$，这还不如穷举法了！这不是我们期望的。当然，刚才只是假定$p(N)=\frac{1}{N}$，这并不是 Grover 算法的成功概率。因此，希望找到 Grover 算法成功概率$p(N)$的一个常数下界，与数据量N无关。这个常数下界是存在的。

命题 2.2　只要$N\geq 4$，Grover 算法的成功概率

$$p(N)=\sin^2(\theta+\hat{r}\varphi)\geq\frac{3}{4}。$$

证明　详见附录 A。■

这就保证 Grover 算法运行k次之后的成功概率

$$1-\big(1-p(N)\big)^k\geq 1-\left(1-\frac{3}{4}\right)^k=1-\frac{1}{4^k}$$

确实是指数增长的，即 Grover 算法运行k次能以指数增长放大成功概率并任意接近 1。

现将 Grover 算法与求解 BQP 的算法进行比较。

“BQP”代表“有界错误量子多项式时间”。其中，“有界错误”是指概率性算法（如量子算法）的错误概率有界。确切地就是，错误概率有上界或等价地正确概率有下界。简言之，BQP 是存在多项式时间量子算法的判定问题类。粗略地，求解 BQP 的算法要满足两个要求：第一，在多项式时间内输出结果；第二，无论输入数据属于“是”的集合还是属于“否”的集合，算法的错误概率都$\leq\frac{1}{2}-c$或等价地正确概率$\geq\frac{1}{2}+c$。其中，$0<c\leq\frac{1}{2}$。由这两条，算法运行k次之后，采用“多数表决”输出“是”或“否”，失败概率缩小为$\leq \mathrm{e}^{-2c^2k}$，以指数衰减，这可用切尔诺夫界导出。

将 Grover 算法与求解 BQP 的算法相比，有 5 点：第一，BQP 算法是多项式时间的；而 Grover 算法不是多项式时间的而是指数时间的，其时间复杂度为$O(\sqrt{N})=O(\sqrt{2^n})$。其中，$n$是问题的规模，如 SAT 的变量个数。第二，BQP 算法的失败概率有上界或等价地成功概率有下界，Grover 算法同样如此。第三，算法运行k次之后，BQP 以“多数表决”输出“是”或

“否”，正确性不能验证，但正确的概率指数增长；而 Grover 算法则是直接输出结果，并且正确性可验证，正确的概率也是指数增长。第四，算法运行k次之后，BQP 仍是多项式时间的；而 Grover 由于算法本身是指数时间的，当然就仍是指数时间的。第五，Grover 算法求解的不是判定问题，而是函数问题，这是因为最终需要得到的是使得输入的n-元布尔函数$f(x)=1$的$x\in\mathbb{B}^n$而非函数值$f(x)$，所以输入集合按照对应输出结果的划分就是$N=2^n$类，而不是判定问题的两类。

与传统搜索算法的复杂度$O(N)=O(2^n)$相比，Grover 算法只达到了平方加速。Grover 算法所求解的“搜索”问题，由于是多项式时间可验证的，因此，首先是典型的 NP 问题；进一步，Grover 算法可用于求解 SAT 问题，意味着实际上它求解的是一种 NP-完全问题。

Grover 算法相对于传统算法没有达到指数加速，而且 Bennett 等人证明了函数求值的量子算法时间复杂度下界是$O(\sqrt{N})$，由于 Grover 算法已达到这个下界，故已是最优算法（Bennett et al，1997）。这暗示量子算法也不一定能在多项式时间内求解 NP-完全问题。另一方面，凭直觉可知，Grover 算法相对于传统算法的平方加速已是了不起的事情。因为对于 Grover 算法所求解的无结构数据搜索问题，完全没有任何信息可以利用，只能假定解的每个可能都具有相等的概率，此时，任何精心设计的传统搜索算法的效率都不会与随机搜索有质的不同。现在比较一下 Grover 算法与传统随机搜索的效率差异。

设 Grover 算法内部进行了$\hat{r}=\left\lfloor\frac{\pi\sqrt{N}}{4}\right\rfloor\approx\sqrt{N}$次函数求值，即量子黑箱调用，整个算法运行了$k$次。那么，函数求值的总次数为$k\hat{r}\approx k\sqrt{N}$，失败的概率为$\left(1-p(N)\right)^k\leq\left(1-\frac{3}{4}\right)^k=\frac{1}{4^k}$。Grover 算法内部每次付出$\hat{r}\approx\sqrt{N}$次函数求值的代价之后，就使得整体重复运行层面的失败概率$\frac{1}{4^k}$已与N无关。因此，可独立地加大k，使得失败概率任意接近 0。

传统随机搜索算法，每次从N个数据中随机抽取一个数据，由于是均匀分布，抽到的数据正好匹配的概率是$\frac{1}{N}$。每轮做$\sqrt{N}$次函数求值，重复运行k次，对传统随机搜索而言就是总共做了与 Grover 算法同样的$k\sqrt{N}$次函数求值，相当于$k\sqrt{N}$次随机抽样，故失败的概率为$\left(1-\frac{1}{N}\right)^{k\sqrt{N}}=\left(1-\frac{1}{N}\right)^{N\frac{k}{\sqrt{N}}}\approx \mathrm{e}^{-\frac{k}{\sqrt{N}}}$。与 Grover 算法做了同样多的函数求值，结果失败概率$\mathrm{e}^{-\frac{k}{\sqrt{N}}}$仍与$N$相关。因此，为了使失败概率任意接近 0，$k$的增长被迫与$\sqrt{N}=\sqrt{2^n}$同步。

这就是 Grover 算法超越传统算法的情境。现用一个具体例子来说明问题。设$N=10000$，$k=10$，Grover 算法和传统算法都做了$k\sqrt{N}=10\times 100=1000$次函数求值。此时，Grover 算法的失败概率不大于$\frac{1}{4^k}=\frac{1}{4^{10}}=10^{-6}$，即百万分之一；而传统算法的失败概率约为$\mathrm{e}^{-\frac{k}{\sqrt{N}}}=\mathrm{e}^{-\frac{10}{100}}=e^{-0.1}>0.9$，仍高达 90%以上！

百万分之一的失败概率就可以接受了吗？并非这个意思，因为应该按具体场合的需求，使得失败概率“要多低有多低”，但这对 Grover 算法等是办得到的。另外，有一个重要事实就是，现实中的任何计算设备，总是不能绝对排除随机性错误的，尽管出错概率也许极低。例如，人们使用的电子计算机每时每刻都可能受宇宙射线的冲击导致错误，按相关数据（Scientific American，2008）估算，每 1G 字节内存每秒由宇宙射线引起错误的概率大约为1.5×10^{-6}，就是百万分之一量级，而且所用内存部件越多，当然由此产生的出错概率就越大。从这个事实也可知，完全不必忧虑概率性计算的“概率性”特点，完全不必担心概率性算法不具备“确定性”，因为确定性计算实施的现实世界也不一定是绝对确定的。因此，关键是只要可保证充分低的失败概率、充分高的成功概率，包括量子计算在内的任何概率性计算就没有丝毫问题。可以说，至少与确定性计算是同等可靠的。

这当然不是提倡要纯粹去碰运气。恰恰相反，概率性计算与纯粹碰运气的出发点是根本不同的，它是提供一种有效的或至少可行的方法，能够达到与确定性方法同等的效果。同时，概率性方法还可能有另外两个好处：一个是以小失败概率、大成功概率指导决策，避免了为达到绝对确定性需付出的不成比例的高昂代价；另一个是以“概率”适应“概率”，具有更好的“环境适应性”，或能对付不利的输入，像是“以毒攻毒”。总体上，应该追求更高的成功概率和更低的失败概率，只要是根据情况适可而止即可。例如，90%的失败概率当然就太大了。与 Grover 算法付出同样多，传统算法为何那么高的失败概率？其实难怪，10000 个数据抽样 1000 个，只占十分之一，怎么会大概率碰上所要的结果呢。但是，量子算法做到了这一点，好像能窥一斑而见全豹，算是奇迹；而且显然，规模增加，奇迹会平方加速。

第3章　量子编程

如果说硬件与体系架构是计算机的骨肉，那么，算法与软件编程就是计算机的灵魂。然而，如同其他物理个体一样，计算机作为客观世界中的一台物理设备也必须遵循相应的物理规律。因此，如果说电子计算机遵循的是传统牛顿力学，那么，量子计算机遵循的就是奇异的量子力学。量子计算机之父理查德·费曼曾调侃道："关于量子力学，我们唯一弄懂的就是没人能懂得它。"在量子力学中定律显得"违背常识"，如量子叠加、海森堡测不准原理、量子不可克隆原理、量子纠缠等。更让人着迷的是，如果把量子叠加这样的魔术棒挥向计算机，就使得计算机具有了名副其实的"计算并行性"，而这也是量子计算机与传统的电子计算机的巨大区别所在。因此，作为为量子计算机配备的语言功能并与它进行 I/O 交互的软件程序，是否也会因真正的"并行计算"而面临新的挑战呢？物理层面的量子叠加会对逻辑层面的软件编程产生影响吗？人们正在开拓一个全新的"量子软件工程"吗？如果将来会形成新的"量子软件工程学科"的话，那么，现在才仅仅是万里长征的第一步。

其实早在 1996 年，现任美国国家标准研究院的计算机科学家 E. Knill 就首次提出了量子编程的概念和量子随机访问模型，以及一系列编写量子代码的规则。在过去的 20 多年里，不仅多种量子编程语言被设计出来，而且相关研究人员还对量子编程语言的语义及量子程序的分析与验证技术进行了系统研究，如该领域的代表作之一（Ying，2016）就全面阐述了量子编程的基础。近期，随着 IBM、谷歌、微软等公司在量子计算机硬件方面取得重大突破，越来越多的研究机构和 IT 企业开始将目光放在量子编程这一领域，并提供了若干体验量子计算魅力的实验平台，希望能在量子软件产业的初创期占据并引领未来量子计算与软件产业这块阵地。这些风格各异的量子计算实验平台提供了丰富的量子编程环境。

3.1　量子编程概述

第一台可编程电子计算机 ENIAC 在 1946 年问世，22 年后的 1968 年诞生了互联网以及软件工程。在过去的 70 余年间，使用传统软件编程方法编写的程序与不断延伸的互联网融为一体，为人类社会的发展带来了难以估量的影响，软件产业也成为支撑一个国家社会经济可持续发展的重要支柱。那么，一个很自然的问题就是，软件工程这门学科在过去半个多世纪所积累下来的方法和技术是否可直接沿用到量子计算的编程环境当中呢？

3.1.1　两个引例

让我们先来品鉴下面两个例子，并从例子中体会量子软件编程与传统软件编程是否有所不同。第一个例子是几乎所有软件程序当中都会出现的赋值语句。

例 3.1　思考以下语句：

b := a

这是传统程序的赋值语句，将变量 a 的值赋给变量 b，此处变量 a 与变量 b 的值相同。在这个过程中，新建了一个变量 b，并将变量 b 指向变量 a 所指向的内存地址，此时变量 a 与变量 b 共享同一块内存地址，它们的值必然相等。

然而令人惊讶的是，因为量子计算机的设计与制造，特别是量子芯片、量子逻辑门的运算与量子比特的存储必须严格遵从量子力学规律，而由于量子不可克隆定理，量子比特是不能被复制的。因此，量子软件编程不能使用这样的赋值语句，即

$\bar{q} := \bar{p}$

是不被允许的。其中，$\bar{q}$和$\bar{p}$都是量子寄存器。通过图 3.1，我们可以更清晰

地认识到传统环境下的赋值与量子环境下的赋值究竟有何区别。

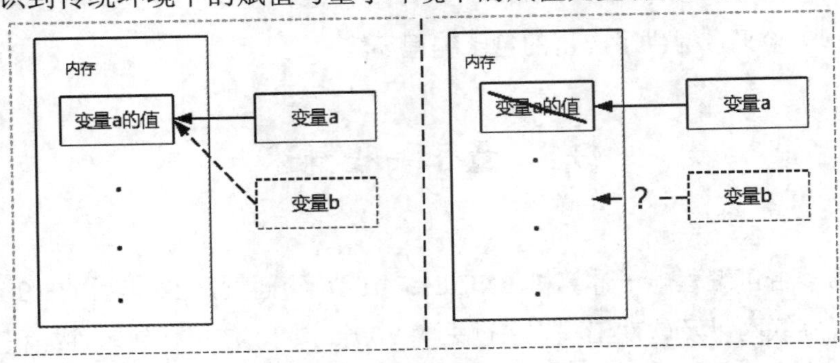

图 3.1　传统赋值与量子赋值的差异

图 3.1 中的左半部分为使用 Python 语句进行赋值时发生的操作，右半部分为量子情况下发生的操作，根据量子不可克隆原理，并不能直接通过赋值语句将变量 a 的值赋给变量 b。

从这个例子可以看到，即使是传统编程当中最简单的赋值语句，在量子计算环境下都无法直接实现。那么，其他的传统编程语句是否也会受到影响呢？或者说，如果仅仅修改一下赋值方法，那么，其他的编程技术就可平安无事地移到量子计算环境当中来吗？下面再来考察一下传统编程当中最基本的条件控制语句。

例 3.2　思考以下程序：

```
int q = 1;
if q == 1
{
    print("变量 q 的值是%d"q);
}
else
{
    print("变量 q 的值是%d"q);
}
```

显然在这样一个简单的条件控制语句中，程序会根据变量 q 的值来决定执行路径。在传统的控制式“q == 1”的计算过程中，首先需要对变量 q 的值进行访问，在这个例子中计算得到控制式的值为“真”，将输出语句“变量 q 的值是 1”。在这个过程中，变量 q 的值不会发生任何变化。但在量子计算机上执行相同的程序却并非如此。由于要对变量 q 的值进行访问，或者更准确地讲，要对表示变量 q 的量子比特进行测量，那么，根据量子力学定律，这个量子比特就会发生不可逆转的坍缩，这必然导致其值发生变化。我们来看看如果是量子计算环境下，这样一个条件控制语句会发生什么。

```
if M[q̄]  == 1:
{
    print("测量q̄之后得到%a" c̄)
}
```

其中，$\bar{q}$代表一个量子寄存器，为了方便描述，我们假设该寄存器中仅有一个元素；M[$\bar{q}$]代表对该寄存器中的量子比特进行测量；$\bar{c}$是测量$\bar{q}$之后存储测量结果的传统寄存器。在该量子程序中，控制式的判断对量子寄存器$\bar{q}$产生了不可逆的影响。那么，量子编程中的条件控制语句与传统编程的条件控制语句就出现了以下两点显著的差异：

①量子控制语句会改变控制式的值。

②量子控制语句的程序体中不能使用控制式中出现的量子比特。

因此，在量子编程中，不能直接使用传统控制语句。

3.1.2　量子编程的概念

通过上面两个例子，可对之前的问题进行回答：量子编程和传统编程之间存在着一些显著的差异，而这些差异主要来源于量子本身具有的奇妙特性，即量子态在测量之后会坍缩、量子信息的不可克隆性、量子计算进程之间也可能存在奇异的量子纠缠等。正是由于这些奇妙特性导致我们不能直接将传统编程中的技术简单地平移到量子编程领域。因此，在量子计算机的硬件研发不断取得突破、量子计算机呼之欲出的今天，从软件工程学科的角度来研究量子编程的重要性不言而喻。

然而在量子编程的初期阶段，很多量子算法的编程实现都是通过线路图的方式进行表述的，这种表述方式类似于早期的电子计算机的打孔编程。在软件工程学科已经非常发达的今天，这种表述方式具有以下明显的缺陷：

①当算法及其编程规模变大之后，用这种方式进行表示将会非常复杂，难以理解。

②与软件工程师的思维方式不符，为传统计算机从业者进入即将来临的量子计算与软件编程这一领域设置了不小的障碍。

③一旦产生 bugs 将难以调试，可维护性差，故也很难推广到大规模软件生产环节当中。

基于上述原因，人们需要重新审视量子软件编程的范式、模型、方法及技术。有哪些传统的软件编程方法能够继承下来，哪些需要进行新的设计？截至目前，对量子编程的研究大致可分为以下 3 个方向：

（1）量子编程语言的设计

量子编程语言的设计是量子编程早期的主要研究方向。多种量子编程语言被设计出来，如 Green 设计的函数式量子编程语言 Quipper，Abhari 设计的命令式编程语言 Scaffold。读者可在 3.2 节中找到更为详细的关于量子编程语言的介绍。

（2）量子编程语言的形式语义

编程语言的形式语义是指以数学为工具，利用符号和公式、精确地定义、解释计算机编程语言的语义，使其语义形式化。通过对量子编程语言的形式语义的研究，能促进对量子编程语言的理解，从而推动人们设计出的量子程序能更充分地利用量子计算机的特性。

（3）量子程序的分析与验证技术

在传统的软件编程中，人们就已很难保证完全避免程序发生错误，这也是为什么软件工程会从计算机科学技术当中分离出来而专注于软件产品质量的重要原因。那么，由于量子力学所描述的世界与人类的直观认知差异更大，这将导致在量子计算机上进行编程会更容易发生错误。因此，发展量子程序的分析与验证技术，确保量子软件的质量势在必行。一方面，许多对传统程序的分析与验证技术可扩展到量子的情况，如可对传统的 Hoare 逻辑进行扩展，使其适用于对量子程序的局部正确性和整体正确性的验证；另一方面，还有许多新兴的量子程序分析验证技术也正处于发展阶段。

综上所述，量子软件编程是一个方兴未艾的领域。

为此，可将量子编程简单地总结为：量子编程是指通过将传统编程中的方法和技术进行量子化扩展的方式，在量子计算机上进行编程的一种编程技术，其根本目的是充分利用量子计算机的并行性优势。

3.1.3　数据叠加与程序叠加

量子计算的显著特点在于量子叠加带来的并行特性优势。目前，人们初步认为有两种方法可将量子并行性的优势与传统编程模型相结合，并将这两种方法分别总结为“数据叠加”和“程序叠加”。顾名思义，前者涉及的量子编程特性只在数据层面中体现出来，而控制程序的执行路径的方式依然是传统的；后者则是传统程序的“全面量子化”。目前，设计的量子编程语言大多采用第一种方法，而针对第二种方法的研究才刚刚起步，尚有许多问题未解决。

在量子编程的研究过程中，必然会遇到的一大难题就是如何能够将传统的编程模型与这种并行性的优势相结合。有学者认为，这一问题可通过“数据叠加”和“程序叠加”这两种方式解决。前者的特点是“量子数据，传统控制”，即程序中需要计算的元素是量子的，但执行过程是由传统信息控制的；后者的特点是“量子数据，量子控制”，即程序中需要计算的元素和控制流都是量子的。接下来，我们将对这两种方式进行介绍。

（1）数据叠加

与传统编程相比，按照“数据叠加”范式设计的量子编程方案有以下 3 点最大的差异：

①需要定义量子数据的数据类型，如量子比特、量子寄存器等。

②需要引入能操纵量子数据类型的操作，如比特幺正变换、量子测量等。

③控制流的差异。

前两点差异易于理解，量子编程必然会涉及量子数据类型以及对量子数据类型的操纵。我们主要来看看控制流有何不同。在传统编程中，if 语句是最常用的控制流，在这里讨论更一般的情况，即 case 语句。其语法形式为

$$\mathbf{if}(\square i \cdot q_i = m_i \to S_i)\mathbf{fi}$$

当控制式q_i与预期结果m_i相等时，其对应的程序体S_i会被执行。传统的编程经验告诉我们，控制式q_i在被计算之后不会产生任何变化。显然，得出这一结论的前提是q_i并不包含任何量子类型的数据。但在量子编程中，如果控制式中包含量子数据，那么，我们需要对 case 语句的语法形式进行调整：

$$\mathbf{if}(\square i \cdot \mathrm{M}[q] = m_i \to S_i)\mathbf{fi}$$

其中，q是量子比特，$\mathrm{M}[q]$表示对q进行的测量，m_i是可能的测量结果。显然，量子编程中的 case 语句会根据测量结果选择对应的执行路径执行。虽然控制式包含量子类型的数据，但实际起到控制作用的是测量之后的传统信息。因此，即使其表现形式与传统 case 语句不同，但在这种情况下的控制流依然是传统的，也可将量子编程中的 case 语句称为基于测量的 case 语句。

基于上述原因，Selinge 将这种方式的特点精确地总结为“量子数据，传统控制”。

（2）程序叠加

首先需要明确，这种方式还处于发展的初期阶段，很多基础性问题尚未解决。但它提供了一种全新的思考量子编程的视角，并且从理论上而言，这种方式可更大限度地利用量子计算机的并行性优势。

“程序叠加”，顾名思义，按照这种方式设计的量子编程方案允许程序流的叠加，即同时执行多段程序。按照这种方式设计的 case 语句被称为量子 case 语句。让我们看看量子 case 语句和前面介绍的量子编程中的 case 语句究竟有何不同。在介绍量子 case 语句之前，需要先介绍另一个概念：一维空间中的量子游走。

为了使读者能更好地理解这一概念，有必要对传统情况下的一维随机游走加以介绍。假设在一条直线上存在一个粒子，该粒子能够停留的位置集合为$\{\dots, -2, -1, 0, 1, 2, \dots\}$。它每次都能够从当前位置随机地向左或者向右移

动一个单位长度。将这种随机移动的过程称为随机游走。对这种情况进行量子化扩展，令一维空间中的量子游走的状态空间为

$$H_{\text{walk}} = H_d \otimes H_p,$$

其中，H_d是二维的方向空间，我们将构成该空间的基记作$|\text{L}\rangle$和$|\text{R}\rangle$，前者代表左向，后者代表右向；H_p是无限维的位置空间，我们将构成该空间的基记作$|n\rangle$，其中n是整数，代表该粒子当前所在的位置。因此，可将该粒子的每一次移动过程都通过H_{walk}空间中的算子S表示。形式化地，算子S的定义为

$$S|\text{L}, n\rangle = |\text{L}, n-1\rangle,\ S|\text{R}, n\rangle = |\text{R}, n+1\rangle,$$

即如果该粒子当前处于$|\text{L}\rangle$态，则向左移动一个单位（从位置n移动到位置$n-1$）；如果该粒子当前处于$|\text{R}\rangle$态，则向右移动一个单位（从位置n移动到位置$n+1$）。换个角度来说，我们也可用H_p空间中的算子S_L和S_R来表示移动的过程，即

$$S_\text{L}|n\rangle = |n-1\rangle,\ S_\text{R}|n\rangle = |n+1\rangle,$$

综合这两种对粒子移动的表述形式，不难发现

$$S|d, p\rangle = |d\rangle S_d|p\rangle,$$

其中，d代表方向，p代表位置。那么，可将S当成以S_L和S_R为分支的 case 语句（更确切地说，在这种一维空间的情况下是以S_L和S_R为分支 if 语句，当粒子在更高维度的空间中游走，则演化为 case 语句；此处为了方便描述，不做严格区分）。在这种情况下，执行S_L或者S_R是由$|d\rangle$所处的量子态决定的，即程序执行哪条分支是由量子态决定的。这显然是量子信息而非传统信息，因此，有学者将类似的这种方式总结为“量子控制流”。

之所以认为“量子控制流”能够更大程度地利用量子计算机的并行性特性，是因为用作控制式的量子信息本身就可以处于叠加态。在上面的案例中，$|d\rangle$可处于$|\text{L}\rangle$和$|\text{R}\rangle$的叠加态，此时可同时执行S_L和S_R。当方向空间的维度变高，这种叠加的优势会更为明显。因为在这种情况下，程序流也是可以叠加的，因此，有学者将这种方式命名为“程序叠加”，其本质特点就是“量子数据，量子控制”。

3.2 量子编程语言

让我们先回忆一下在传统计算机的体系架构当中，其层次结构是如何划分的。粗略地说，可简单地将其划分为软件和硬件，如果按照各层次的功能再进一步划分，可分解为更多层次，如图 3.2 所示。

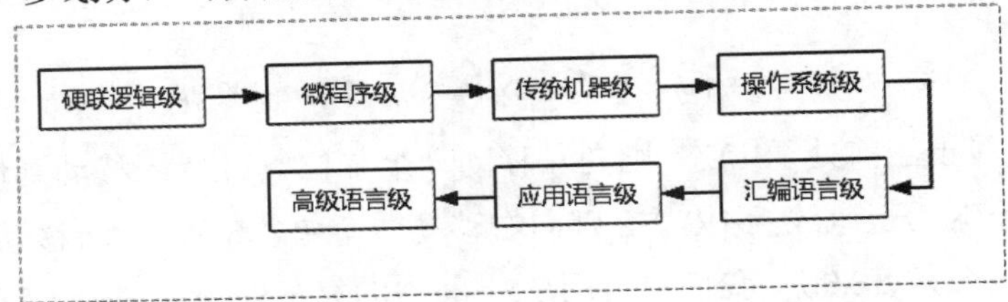

图 3.2　传统计算机的层次结构

这是一种从底层到高级，从具体到抽象的层级关系。在这 7 个层次中，传统编程主要涉及 3 个层面：

机器语言(二进制码) → 汇编语言 → 高级编程语言。

其中的机器语言对应于上图中的“传统机器级”。现阶段而言，量子编程领域的主流观点认为，量子编程也会按照与之相似的结构进行设计，但会略有差异。通过对现有量子编程语言的体系结构进行总结和分析，可将量子编程的这种分层结构简单地总结为图 3.3。

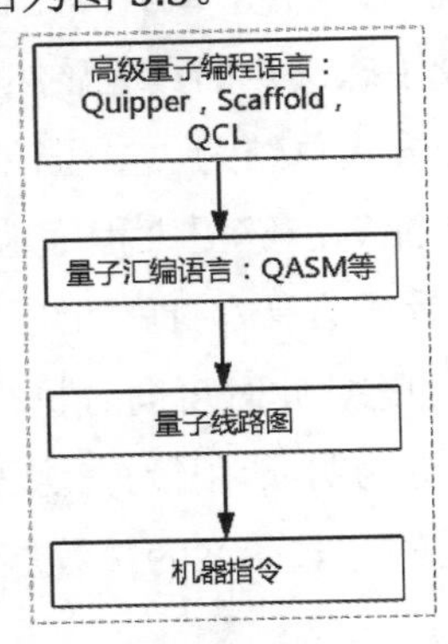

图 3.3　量子编程的分层结构

这种差异首先来自这样一个事实，即目前量子计算机的通用体系架构仍处于“百花齐放、百家争鸣”这样一个阶段，其硬件层面的技术路线尚未最终确定，包括了超导量子计算、离子阱量子计算、半导体量子计算及拓扑量子计算等。因此，我们暂时还不能肯定使用哪种“量子机器指令集”更科学、更合理。有鉴于此，目前人们在量子编程领域采用的方法是暂时不涉及机器指令集以及更底层的硬件实现方式，而是采用“量子线路图”“量子汇编语言”“高级量子编程语言”的方式来进行研究。

接下来将按照“量子线路图”“量子汇编语言”和“高级量子编程语言”的顺序，向读者初步介绍量子编程语言的相关内容。

3.2.1　量子线路图

读者很快可以发现，虽然量子线路图与我们所接触过的编程语言的形式不同，但它却能够实实在在地用图形化的方式表示算法与程序。因此，可将其视为一种广义的量子编程语言。与传统编程不同的是，现阶段在量子计算领域中使用最为广泛的程序表示形式仍然是量子线路图。在很大程度上，这是由历史背景造成的。许多知名的量子算法的设计都早于量子编程这一概念的提出，而且早期研究这些算法的专业人员更多是从事物理学和计算复杂性研究的学者，并未站在传统的软件编程的角度来考虑。但这样做的好处是，让从事软件编程的工程师们也能窥探一下量子计算在实现时其本质是什么，逐步转变我们的思维定式，有利于人们开发出更贴近量子计算真实环境的软件产品。关于量子线路及其构成元素的具体内容 2.1.2 小节已讨论，此处不再赘述。

现有大多数量子计算平台（如 IBM 的量子云平台等），都支持（部分平台还只支持）量子线路图的编程方式，但需要强调的是，现阶段这些平台支持的量子比特数量较少，所能够计算的程序也较为简短，量子线路图尚且能够满足用户需求。一旦硬件研发取得更大的突破性进展，量子比特数量和量子线路深度不再成为制约量子算法和量子程序的主要因素时，量子线路图的形式必然会由于其繁杂性让人望而却步，并逐步退出量子编程的历史舞台。

3.2.2 量子汇编语言

在传统编程的发展历史中，由于二进制代码太过于抽象和难以理解，于是人们设计了汇编语言来进行编程，这是从机器语言向高级编程语言过渡的一个重要里程碑。需要注意的是，对于传统汇编语言而言，我们无法完全脱离对硬件本身的依赖，如 ARM 汇编语言和 X86 汇编语言，两者的寄存器、指令集等都有不小的差异。但对于量子计算机而言，由于现阶段很难确定由哪种工艺、哪种材料制造的量子计算机具有更好的性能，因此，在设计和讨论量子汇编语言时，我们会尽可能规避对量子计算机硬件本身的讨论。

QASM（Quantum Assembly Language）是最早提出的量子汇编语言。通过下面这个例子，读者可对 QASM 的基本语法有所了解。

例 3.3 思考以下程序：

```
qubit  q0
qubit  q1
qubit  q2
h  q1
cnot  q1,q2
cnot  q0,q1
h  q0
measure  q0
measure  q1
c-x  q1,q2
c-z  q0,q2
```

其中，q0，q1 和 q2 都是量子比特。这段代码中每一行代表一句独立的语句。更确切地说，这段程序的前 3 行声明了 3 个量子比特，第四行中将阿达马门作用在量子比特 q1 上，第五行中将受控非门作用在量子比特 q1 和 q2 上，其中以 q1 作为控制比特，以 q2 作为受控比特，其余代码的含义以此类推。需要说明的是，代码中的 c-x 和 c-z 是指用传统信息来确定是否对受控量子比特执行相应的操作，执行这条语句之前控制比特必须已被测量。

细心的读者会发现在上述代码中，除了前 3 行用于声明量子比特之外，其余每行代码都对应了一个量子逻辑门操作。因此，将这段代码所描述的量子线路图绘制出来，即可得到图 3.4 所示的量子线路。

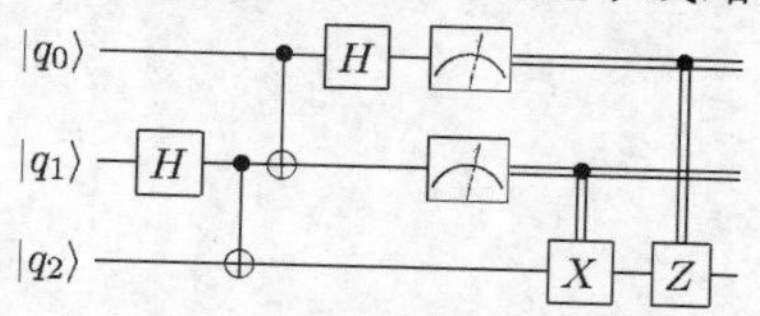

图 3.4　量子隐形传态线路图

因此，也可将 QASM 代码理解为量子逻辑门的操作序列。值得一提的是，这段代码实际上就是著名的量子隐形传态。代码的第四行和第五行共同完成了 Bell 态的制备：

$$|\beta_{00}\rangle = (|00\rangle + |11\rangle)/\sqrt{2}。$$

第六到十一行通过一定的技巧将 q0 的量子态“传递”给 q2。量子隐形传态在量子通信领域有着巨大的应用价值。

通过上述例子，我们对 QASM 代码的基本语法有了初步认识。在 QASM 的基础上，许多研究人员又添加了新的元素和结构，并提出了功能更为丰富的量子汇编语言。W. Cross 和 S. Bisho 等人提出了一种基于 C 语言和传统汇编语言元素的量子汇编语言 Open-QASM，该语言目前是 IBM 量子计算云平台所使用的编程语言；悉尼科技大学 R. Y. Duan 等在 QASM 的基础上提出带反馈的量子汇编语言 f-QASM（QASM with feedback），该语言在形式上与传统汇编语言更为相似；量子创业公司 Rigetti 在开发量子计算云平台 Forest 时，也提出了一种量子汇编语言 Quil（Quantum Instruction Language），它弥补了 QASM 不包含传统控制这一技术的缺陷。

让我们以 Open-QASM 为例，看看它与 QASM 究竟有什么区别。有兴趣的读者可自行用其他量子汇编语言编写代码，并体会其中的差异。

例 3.4　思考以下程序：

```
OPENQASM 2.0;
include "qelib1.inc"
qreg q[3];
```

```
creg c0[1];
creg c1[1];
creg c2[1];
h q[1];
cx q[1],q[2];
cx q[0],q[1];
h q[0];
measure q[0] -> c0[0];
measure q[1] -> c1[0];
if(c1==1) x q[2];
if(c0==1) z q[2];
measure q[2] -> c2[0];
```

这是一段 Open-QASM 代码，将这段代码描述的线路图绘制出来，如图 3.5 所示。

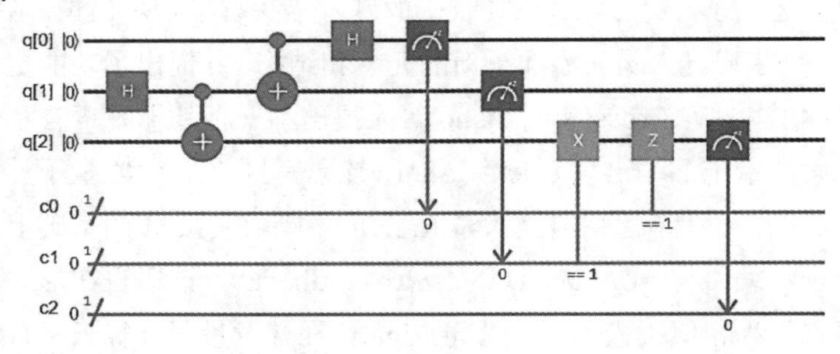

图 3.5　Open-QASM 对应的线路图

细心的读者可能会发现，这段代码的目的也是实现“量子隐形传态”，这从图形化的量子线路图对比也可以看出来。虽然两段代码的目的相同，但它们之间还是存在不小的差异。最直观的差异是这两种汇编语言对量子逻辑门的关键字定义略有不同。例如，在 QASM 语言中，用来表示受控 X 门的关键字是 cnot，测量的语法是 measure qx，而在 Open-QASM 中，使用关键字 cx 来表示受控 X 门，测量操作的语法则是 measure q[x]->c[x]。除此之外，Open-QASM 代码头两行具有固定的形式，在第一行中需要指定 Open-

QASM 代码的版本，第二行中引入执行代码必需的文件。还有很重要的一点是，Open-QASM 中引入了与量子寄存器相对应的传统寄存器这一概念，用于存放测量之后的量子比特的值，并且可根据传统寄存器中的值来执行传统的 if 条件控制。传统寄存器的引入至关重要，因为量子计算的最终结果仍需要采用传统信息的方式来呈现。

除了上述提到的量子汇编语言之外，QASM-H 和 QASM-HL 等也有较广的应用。下文中我们将介绍的高级量子编程语言 Scaffold 就是以 QASM-HL 作为其汇编语言的。

3.2.3　高级量子编程语言

从类别上来说，传统高级编程语言又可分为函数式编程语言和命令式编程语言。前者以 Haskell，F#等语言为代表；后者则以 C++，Java 等语言为代表性语言。对于高级量子编程语言也同样如此，函数式量子编程语言和命令式量子编程语言是目前设计量子编程语言的两种主流思路。Ömer 设计的第一款量子编程语言 QCL、悉尼科技大学近期发布的Q|SI⟩平台中内置的一种以 C#为宿主语言的量子编程语言以及 Abhari 开发的 Scaffold 语言都属于命令式量子编程语言；而现有的函数式量子编程语言包括 Selinger 将传统程序中的控制流和量子数据结合起来开发的 QPL，Green 在 Haskell 的基础上开发的 Quipper 语言，以及微软 QuArC 团队在发布的LIQui|⟩平台中内置的一种以 F#为宿主语言的量子编程语言，将在 3.3 节中简介。

目前，人们很难判断哪种高级量子编程语言的设计思路更优，一个大胆且合乎情理的猜想是在未来的量子计算机中，这两种编程思路都各有用武之地，用户可根据自身程序的功能特点来自由选择。接下来，我们选择 Quipper 和 Scaffold 分别作为函数式量子编程语言和命令式编程语言的代表，对其相关背景、语法等细节进行详细介绍。

（1）Quipper

Quipper 是一款以 Haskell 为宿主语言的函数式高级量子编程语言。该语言的研发一直受到美国国家情报总监办公室下属的先进情报研究计划局

（IARPA）的资助，该部门负责全美量子计算机的总体研发计划。从形式上而言，Quipper 是一款线路描述性语言，它的主要作用是将量子编程的高级语言转化成量子逻辑线路图，然后执行相应的计算。因此，Quipper 在量子线路模型的基础上进行了扩展，添加了全新的元素，包括显式的量子比特初始化和终止操作，其中符号“0|”和“|0”分别表示制备一个|0⟩态的量子比特和当该量子比特在|0⟩态时即终止该量子比特；添加了传统比特、传统逻辑门和受控量子逻辑门等传统元素，因此 Quipper 所描述的量子线路实际上是一种传统与量子并存的线路。

除此之外，在许多量子算法中都不可避免地使用到“辅助量子比特”。这类量子比特仅在使用过程中起效，而使用过程中可能在整个程序中仅占很小一部分。如果全程保留该辅助量子比特，显然是一种冗余。Quipper 就对这类量子比特的生命周期进行了追踪，避免已不再使用的辅助量子比特依然占据内存空间，影响计算效率。下面这两幅图取自 Quipper 手册，其中通过图 3.6 能使读者更好地理解该语句如何对辅助量子比特进行处理，以节省计算资源。

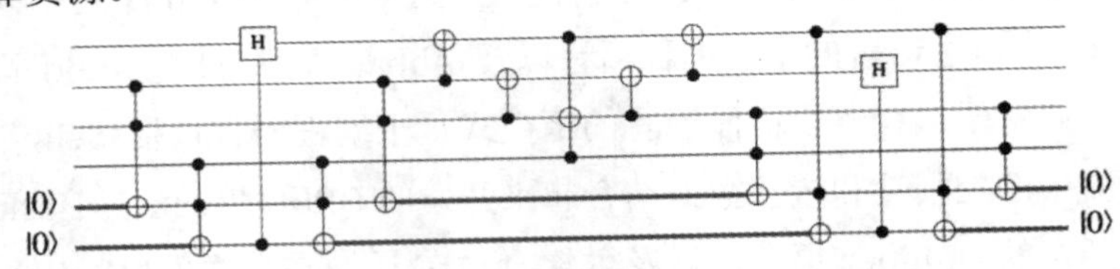

图 3.6　原量子线路图

最下面的两个量子比特就是辅助量子比特，显然它们只对粗线部分生效，在计算过程中是冗余的。因此，Quipper 在编译时会将这段线路优化为图 3.7。

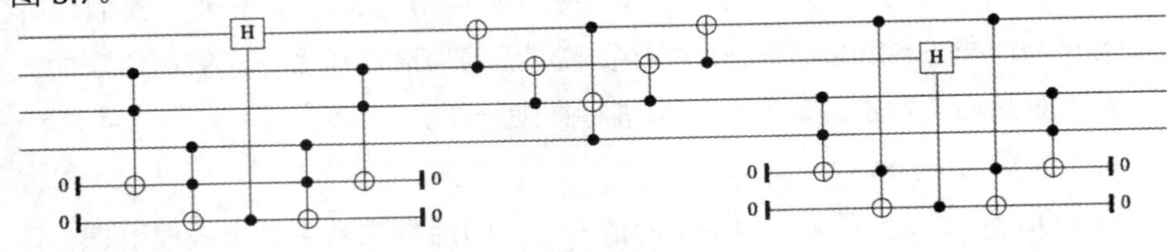

图 3.7　优化后的量子线路图

整体而言，Quipper 的执行过程可分为以下 3 个阶段。

①编译阶段。这一阶段完成将源代码编译为可执行对象代码的任务。

②线路产生阶段。这一阶段能将可执行对象代码编译为量子线路的一种表述形式。

③线路执行阶段。该阶段将执行上一步产生的量子线路并将执行结果（通常是量子比特的测量结果）返回。

一段完整的 Quipper 程序通常包含下面的程序结构。

Circ：可将其类比为传统编程中的函数，能对输入的数据进行操作，并将执行后的结果返回。

```
myC:: Qubit -> Qubit -> Circ (Qubit, Qubit)
myC a b = do
b <- hadamard b
(a,b) <- controlled_not a b
return (a,b)
```

这段代码就是一个 Circ，第一行中我们声明了一个名为 myC 的 Circ，它以两个量子比特作为输入；第二到第四行中首先对量子比特 b 执行阿达马门操作，随后以量子比特 b 为控制比特，量子比特 a 为受控比特执行受控非门操作；第五行中将结果返回。实际上，通过上述代码即可完成对贝尔态$|\beta_{00}\rangle = (|00\rangle + |11\rangle)/\sqrt{2}$的制备。这段代码在编译后会形成如图 3.8 所示的线路图。

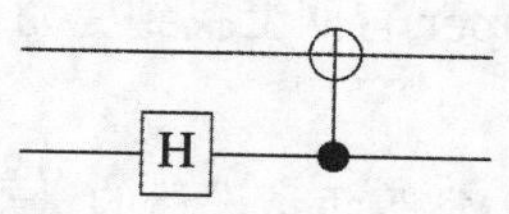

图 3.8　Bell 态制备线路

Block：可在 Circ 的基础上构造 Block 结构，通常将该结构用于实现受控量子操作，即通过量子比特的态来决定是否执行某 Circ。通过下面这条语句，可声明一个名为 myBlock 的块。

```
myBlock :: Qubit -> Circ a -> Circ a
```

该块能根据 Qubit 的值来决定是否执行线路 a。定义好的块可在另外的

Circ 中使用。

```
myC2 :: Qubit -> Qubit -> Qubit
-> Circ (Qubit, Qubit, Qubit)
myC2 a b c = do
myC a b
myBlock c $ do
myC a b
myC b a
myC a c
return (a,b,c)
```

上面这段代码中，在新声明的线路 myC2 中使用块 myBlock。该线路由 3 个量子比特 a，b，c 作为输入，首先以量子比特 a 和 b 为输入，执行前文中已经定义的线路 myC；随后执行受控量子操作，只有当量子比特 c 处于 $|1\rangle$态时才能够分别以量子比特 a 和 b 为输入和以量子比特 b 和 a 为输入执行线路 myC；最后以量子比特 a 和 c 为输入，执行线路 myC。这段代码最终可以被编译为图 3.9。

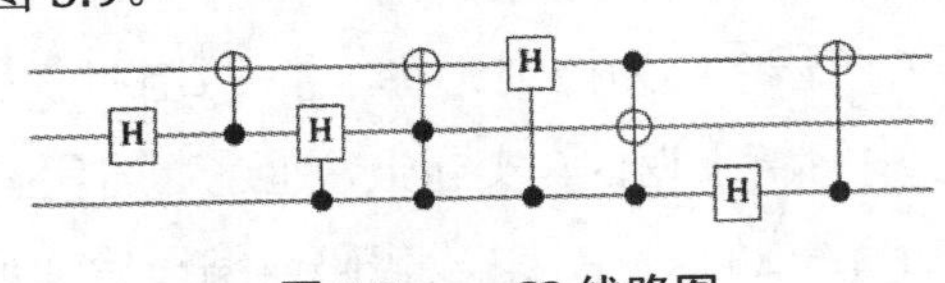

图 3.9　myC2 线路图

有兴趣的读者可在 Quipper 官网上找到更为详细的介绍。

（2）Scaffold

Scaffold 是由普林斯顿大学等负责设计的量子编程语言。该项目的研究同样受到 IARPA 的资助。通过使用 Scaffold，可将一个量子算法所涉及的计算操作和数据结构进行编程实现，并将它们最终编译为机器可以执行的形式。该团队还开发了 Scaffold 的编译器 ScaffCC，通过编译器可选择将 Scaffold 源码编译为能够最终在由代尔夫特大学和荷兰应用科学研究组织联合成立的 QuTech 实验室所开发的量子模拟器 QX 上执行的指令。我们将在下一节中对 QX 模拟器进行介绍。

Scaffold 是对 C 语言的扩展。它添加了新的数据类型，如 qbit 和 cbit 等。此外，它还定义包括泡利-*X*门、阿达马门等量子逻辑门在内的量子操作。使用 Scaffold 编写的程序通常由传统部分和量子部分两部分构成。前者包含传统的数据类型和控制结构；后者包含量子数据类型和量子操作等。一份完整的 Scaffold 程序通常由多个子模块组成，因为量子线路总是“可逆的”，所以为了能在量子设备执行，这些子模块必须满足：

或者仅由幺正性的量子操作构成；

或者能够编译为幺正性量子操作指令。

为了使部分传统模块能够编译为幺正量子指令，Scaffold 包含了 CTQG 模块：该模块能将部分传统线路编译为仅由非门、受控非门和托佛利门组成的指令集。例如，计算加法$a+b$时，如果 a 和 b 都能够通过 N 位二进制数进行表示，那么，这条传统加法指令就能通过$6N-3$个受控非门和$2N-2$个托佛利门构成，且无须辅助量子比特。因此，用户在 Scaffold 中计算的传统加法等操作最终都会被编译为量子操作指令集执行。Scaffold 代码编译执行的流程大致可表示为图 3.10。

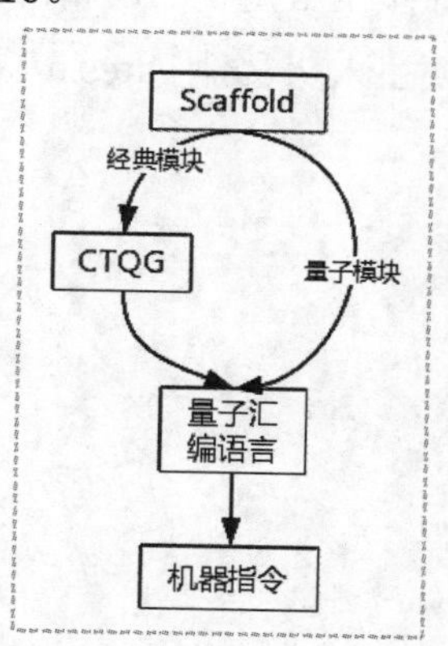

图 3.10　Scaffold 执行流程（示意图）

接下来，让我们看看 Scaffold 究竟在传统编程语言的基础上添加了哪些语法细节。

数据类型：

Scaffold 中，最基本的量子数据类型是量子寄存器 qreg，可通过语句

qreg qs[n]声明量子寄存器 qs，其中 n 表示该寄存器中量子比特的个数；即使 n=1，我们依然将它视作量子寄存器，而非单独的量子比特。

可将多个量子寄存器声明为一个量子结构体 qstruct：

```
qstruct struct1 {
qreg first[10];
qreg second[10];
};
```

此时，量子结构体 struct1 就包含两个量子寄存器：first 和 second。通过下面这两条语句，即可访问量子结构体 struct1 中的量子寄存器 second 的第一个量子比特。

```
struct1 qst;
qst.second[0];
```

量子门：

Scaffold 中的门操作按照实现方式可分为两类：一类是标准库中内置的逻辑门；另一类是通过门原型函数定义的逻辑门。

使用第一类函数只需要引入头文件 gates.h 即可。目前，已在该文件中定义的逻辑门包括：

```
gate X(qreg input[1]);
gate Y(qreg input[1]);
gate Z(qreg input[1]);
gate H(qreg input[1]);
gate S(qreg input[1]);
gate T(qreg input[1]);
gate Tdag(qreg input[1]);
gate Sdag(qreg input[1]);
gate CNOT(qreg target[1], qreg control[1]);
gate  托佛利(qreg target[1], qreg control1[1], qreg control2[1]);
gate Rz(qreg target[1], float angle);
gate controlledRz(qreg target[1], qubit control[1], float angle);
```

```
gate measZ(qreg input[1], bit data);
gate measX(qreg input[1], bit data);
gate prepZ(qreg input[1]);
gate prepX(qreg input[1]);
gate fredkin(qreg targ[1], qreg control1[1], qreg control2[1])
```

第二类门操作则需要自己按照原型函数的要求进行定义：

```
gate gatename(type_1 parameter_1,..., type_n parameter_n);
```

在上面这段语句中，定义名为 gatename 的门操作，该操作有n个参数。这n个参数的数据类型可以是量子寄存器或传统的无符号整数、字符、浮点数及双精度浮点数，两者都必须按照引用的方式传递参数（若是有 const 关键字修饰的传统数据类型则可按照值的方式传递）。此时，在定义门操作 gatename 的模块中，就可按照以下语句调用门操作：

```
gatename(parameter_1,...,paramenter_n);
```

循环和控制结构：

与 C 语言一样，Scaffold 支持 if，switch 和循环语句，但这些语句的控制式都只能包含传统信息。除此之外，Scaffold 还提供了一种量子控制语句，即控制式包含量子比特。在对控制式进行计算时，需要先对量子比特所处的量子态进行判断，然后根据判断结果决定执行哪段代码。例如，下面的 Scaffold 程序：

```
module U (qreg input[4]);
module V (qreg input[4]);
module W (qreg input[4]);

module control_example (qreg input[4]) {
    if (control_1[0]==1 && control_2[0]==1){
        U(input);
    }
else if (control_1[0]==1 && control_2[0]==0){
        V(input);
```

```
        }
    else{
        W(input);
        }
    }
```

显然，这段程序会根据控制量子比特 control_1[0]和 control_2[0]的量子态来决定执行哪段代码。根据延迟测量原则，这段代码会被编译为如图 3.11 所示的线路。

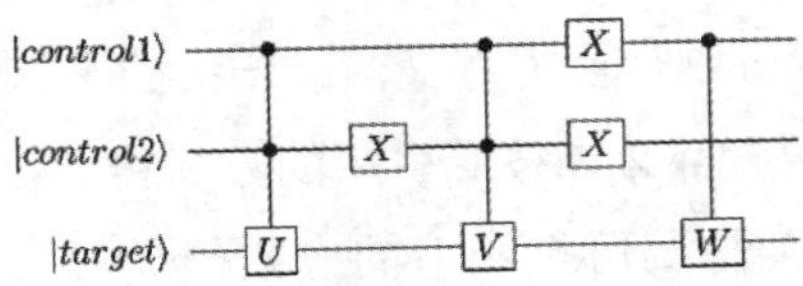

图 3.11　control_example 程序对应的线路图

需要注意的是，控制式中的量子比特不能再在程序中使用。

模块：

出于可读性、可维护性等特性的考虑，Scaffold 支持模块化设计。一段完整的程序通常由一个或多个模块组成，每个模块负责完成一项任务，模块和模块之间可传递传统数据类型或量子数据类型的数据。定义模块的语法为：

```
return_type module modulename(type_1 param_1,..., type_n param_n) {
// Module body
}
```

其中，return_type 可以为空，整数、字符、浮点数、双精度浮点数或结构体，参数列表的要求与门原型函数的要求相同。定义好的模块可通过

```
modulename(parameter_1,...,parameter_n);
```

进行调用。

在这一节中，我们简单地介绍了量子编程的基本概念，并以“从量子线路图到量子汇编语言再到高级量子编程语言”为线索，对量子汇编语言 QASM 和 Open-QASM 以及高级量子编程语言 Scaffold 和 Quipper 进行了描

述。正如前文所述，除了本节中选取的这些量子编程语言外，还有许多颇具研究价值和参考价值的语言，如量子汇编语言 QASM-H，QASM-HL，以及量子编程语言 QCL，QPL 等。

3.3　量子计算实验平台

近年来，随着大数据、人工智能等领域的热度逐渐提升，人类对计算能力的追求越发迫切。另一方面，由于摩尔定律的限制使得基于 CMOS 技术的大规模集成电路芯片设计逐步逼近传统物理学的极限，一旦芯片上的晶体管尺寸大小进入“一个纳米”级，就将不可避免地产生量子效应，从而必须采用量子物理的方法对其进行控制。因此，量子计算作为后摩尔时代最具潜力的计算模式，自然备受关注。“量子军备竞赛”也在各大公司和研究机构之间展开。谷歌的研究人员证明在超级计算机 Edison 上至多只能模拟包含 42 个量子比特的随机量子线路采样问题，并提出包含 50 个左右量子比特的量子设备就能实现“量子霸权”这一观点。这一观点的提出无疑为这场“量子军备竞赛”设立了一个短期目标。

越来越多的公司和机构发布了各自的量子计算平台，其目的就是在这一新兴计算领域抢得先机。本节将对国际上相对成熟的量子计算平台，包括 IBM Quantum Experience、微软的LIQui|⟩、苏黎世联邦理工的 projectQ、量子计算机初创公司 Rigetti 的 Forest 平台，以及 QuTech 量子计算实验室的 QX 等量子计算平台进行介绍。下一章中还将以本节介绍的量子计算平台为实验平台来实现一些量子算法的编程。需要指出的是，国内一些研究机构和企业也纷纷开始布局量子计算仿真平台。

在正式开始介绍上述几款平台之前，让我们先来介绍一个概念：量子计算云平台。所谓量子计算云平台，也称基于云的量子计算平台，实际上用户可通过互联网来向远程的量子计算机提交任务。但目前由于受到技术上的限制，用户很难通过网络请求直接与这些企业或机构研发的量子计算机进行交互，因此，需要额外的传统远程服务器来处理用户请求。更确切地说，可将这一过程总结为图 3.12。

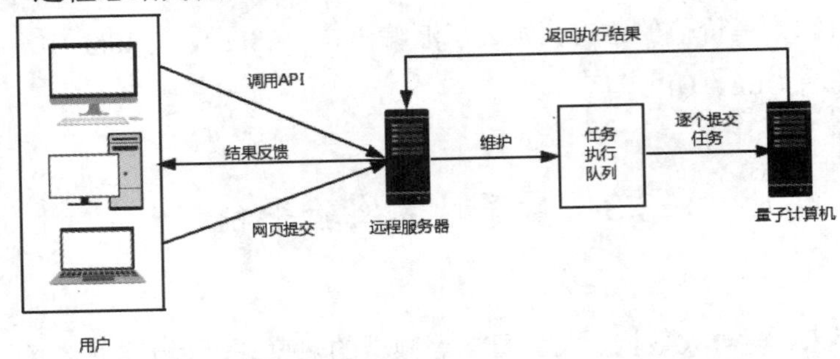

图 3.12　量子计算云平台架构

用户可在本地的传统计算机或者在 Web 界面编写代码或线路，然后将编写的内容提交给远程的传统服务器，传统服务器将用户的任务传递给量子计算机；量子计算机完成任务后，会将结果返回给传统服务器，此时，传统服务器再将结果发送给用户。现有的量子计算云平台都维护了一个执行队列，将用户上传到远程服务器的代码或者线路统一存放在该执行队列中，按照上传的时间进行排队，先申请，先执行。

3.3.1　IBM Quantum Experience

量子计算平台中最为著名的莫过于 IBM 华生实验室的 IBM Quantum Experience 量子计算云平台。该平台是由 IBM 公司开发并于 2016 年 5 月正式上线。据 IBM 官方统计，从发布到 2017 年 3 月的 10 个月间，已有超过 40 000 名用户在该平台上进行了超过 275 000 次实验。迄今，该平台开放了以下 4 种类型的后端可供选择：

①量子计算的仿真器。目前可支持 20 个量子比特。

②ibmqx2。包含 5 个量子比特的超导量子芯片。

③ibmqx4。包含 5 个量子比特的超导量子芯片。

④ibmqx5。包含 16 个量子比特的超导量子芯片。

需要注意的是，由于目前技术和工艺上的限制，这些量子芯片都包含了物理缺陷。这些物理缺陷大致可分为以下 3 点。

①量子比特相互之间并非全连接关系，而是需要遵守特定的连接关系和连接方向。以 ibmqx4 芯片为例，该芯片中的 5 个量子比特的连接关系和

连接方向如图 3.13 所示。

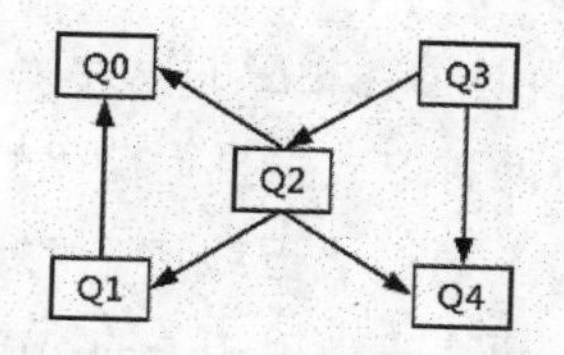

图 3.13　ibmqx4 芯片连通关系

其中，箭头的起点为控制比特，终点为受控比特。

②量子逻辑门的操作过程和量子态的制备过程并非理想化的过程，这些操作都有相应的错误率。以 ibmqx4 芯片为例，其单比特逻辑门和受控非门的错误率见表 3.1 和表 3.2。

表 3.1　单比特逻辑门错误率

	Q0	Q1	Q2	Q3	Q4
单比特逻辑门错误率/10^{-3}	0.94	0.69	1.55	2.06	1.46

表 3.2　CNOT 错误率

	CX1_0	CX2_0	CX2_1	CX2_4	CX3_2	CX3_4
CNOT 错误率/10^{-2}	2.03	2.51	2.33	2.91	2.09	2.74

③在计算的过程中，由于无法完全避免与外界的交互，因此，就要求所有的量子操作需要在量子比特退相干之前完成。ibmqx4 芯片的 5 个量子比特退相干时间见表 3.3。

表 3.3　退相干时间

	Q0	Q1	Q2	Q3	Q4
退相干时间/μs	35.2	57.5	36.6	43.0	49.5

上面的内容中仅列举了 ibmqx4 芯片的相关数据，以帮助读者更直观地理解 IBM 的这个量子计算云平台。有兴趣的读者可在 IBM 官方手册中找到 ibmqx2 芯片和 ibmqx5 芯片的相关数据。

每位用户在创建账户成功之后，目前都可拥有 15 个执行单元。每次在量子芯片上执行实验都会暂时消耗相应的单元数，实验执行完毕则消耗的单元数会还原。用户可通过两种方式来执行自己的量子程序：一种是在 IBM Quantum Experience 网站上通过“五线谱”的形式进行线路图设计并执行；另一种是通过 Python 语言来调用相关的 API 接口，将用 Open-QASM 语言编写的量子程序传递给云端的量子芯片执行。这两种执行模式可简单地总结为图 3.14。

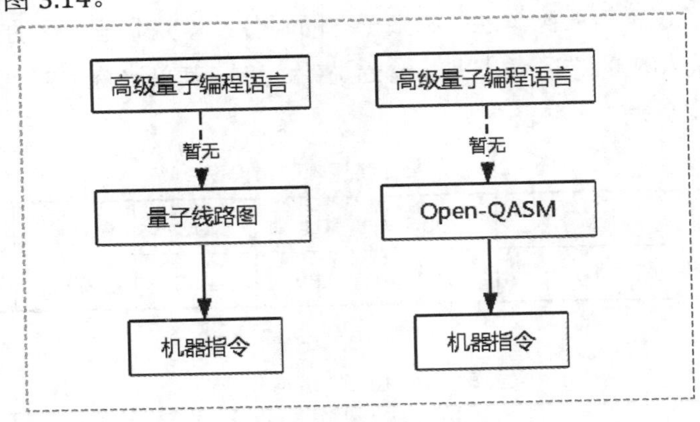

图 3.14　IBM 量子计算云平台执行模式

需要注意的是，在 IBM Quantum Experience 的设计中，目前并没有涉及高级量子编程语言。

（1）五线谱

ibmqx4 芯片和量子计算仿真器可通过所谓的“五线谱”方式进行编程，软件编程人员可将自己想象成是一位量子信息的作曲家。通过这种方式，用户可在 IBM 官方网站上通过可视化的方式进行编程，其整体界面如图 3.15 所示。

图 3.15　五线谱编程界面（示意图）

左侧为“编程五线谱”，每条横线代表一个量子比特，该五线谱从左到右表示程序执行的演化过程。除了量子比特对应的线之外，最下面还有一条线用以表示传统寄存器。用户可在右侧列表中选择适当的逻辑门，放在需要执行相应量子操作的量子比特对应的线上。目前，支持的量子逻辑门可分为两类：一类是单量子比特门，如泡利-X门、泡利-Y门、泡利-Z门、阿达马门、相位门及其共轭转置矩阵、$\pi/4$相位门及其共轭转置矩阵；另一类是双量子比特门，如CNOT门。可以证明，通过这些逻辑门即可构造任意量子逻辑门。因此，理论上人们可用这套“五线谱”来谱写任意的量子计算程序。

下面通过例子来加深对IBM“五线谱”量子编程方式的理解。在“编程五线谱”上，通过如图3.16所示的线路，即可实现传统编程中的SWAP门。

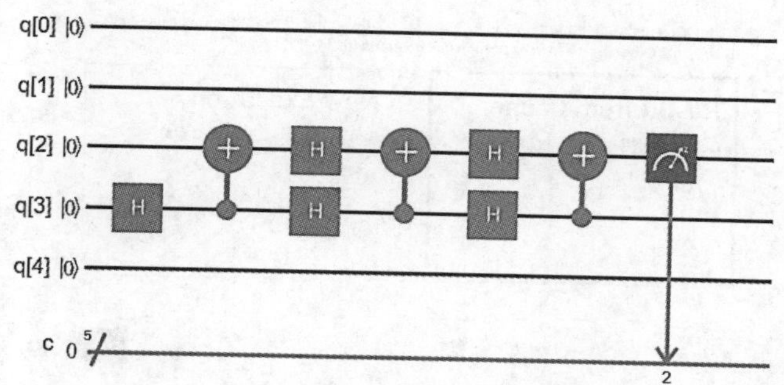

图3.16　五线谱编程的SWAP线路图（示意图）

通过SWAP门，可“交换”两个量子比特的态。一般而言，SWAP门可通过如图3.17所示的线路构造。

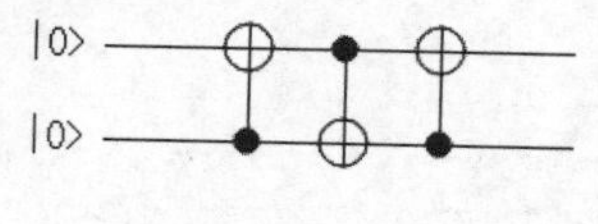

图3.17　SWAP门

但正如前文所言，IBM量子芯片的量子比特之间并不是全连接关系，不能既以Qm为控制比特来控制Qn，又以Qn为控制比特来控制Qm。因此，我们使用了一个小技巧，通过在控制比特和受控比特上同时作用阿达马门，来构造“反转”受控非门，如图3.18所示。

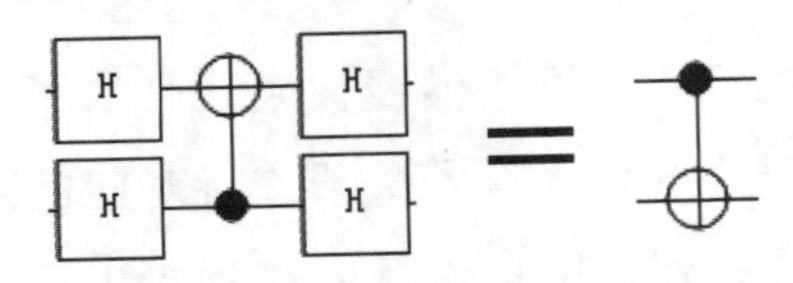

图 3.18 反转受控非门的制备

该技巧在实际量子芯片上编程时会多次使用。

在线路执行之前，可通过指定 shots 参数来指定执行该线路多少次以获取统计性的测量结果。该参数的取值范围是[1,8192]，显然该参数选择的越大，获得的统计性结果越接近于理论值，但随之而来的是更长时间的等待和更多执行单元的消耗。

使用 ibmqx4 芯片执行线路时，如果曾经执行过相同的线路，则可选择直接从系统缓存中读取实验结果，如图 3.19 所示。

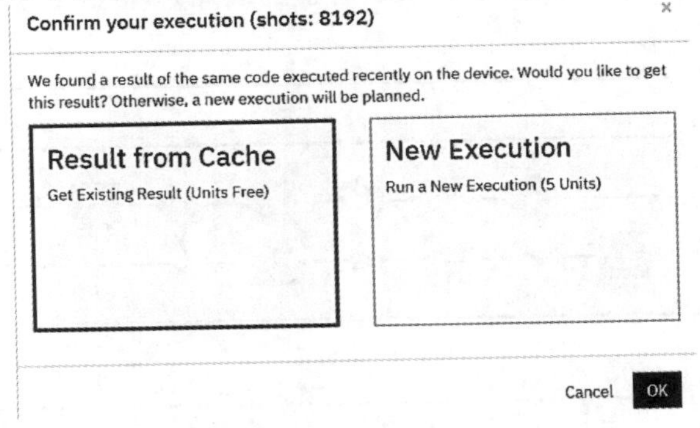

图 3.19 执行模式选择

这样做的好处是无须等待，也不用消耗执行单元。线路执行成功之后，会收到邮件提示。此时线路的实验结果将用柱状图的形式直观地展示出来。其实验结果如图 3.20 所示。

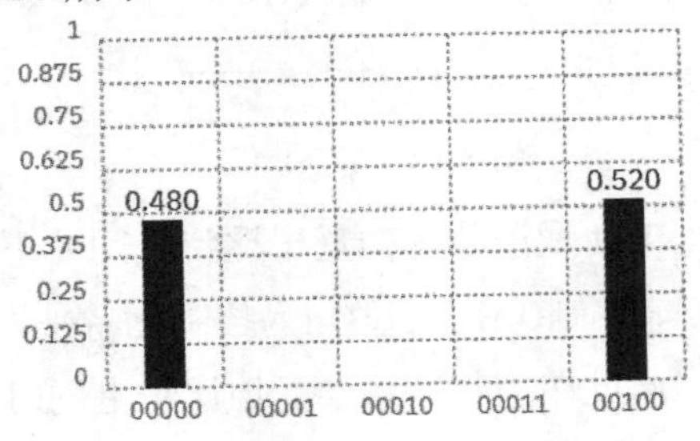

图 3.20 执行结果

图 3.20 中，纵坐标为对应的概率。横坐标则是测量的结果。从左到右分别是传统寄存器 c[4]到 c[0]。

（2）API 接口 QISKit

任何后端都可通过这种方式进行访问。在使用之前，用户需要在 QISKit 的 GitHub 网上下载并安装由 IBM 官方提供的 SDK 和 API，并在 IBM Quantum Experience 网站的“个人账户”界面申请访问 API 接口的 Token。

通过下面这个例子来看看如何在 SDK 的基础上通过 API 接口访问量子芯片（或量子仿真器）。这个例子与上面的 SWAP 程序一样，其目的是交换两个量子比特的态。

例 3.5　思考以下程序：

```
from IBMQuantumExperience import *
config = {
    "ul":  'https://quantumexperience.ng.bluemix.net/api'
}
token = yourToken
api = IBMQuantumExperience(token, config)

code = 'OPENQASM 2.0;include "qelib1.inc"qreg q[5];creg c[5];h q[3];cx
q[3],q[2];\
h q[2];h q[3];cx q[3],q[2];h q[2];h q[3];cx q[3],q[2];measure q[2] ->
c[2];'
data = api.run_experiment(code,'ibmqx4', 1024, name=None, timeout=
60)

result = data['result']['measure']
label = result['labels']
value = result['values']
print("测量的量子态为：")
print(label)
```

```
print("对应的概率为：")
print(value)
```

通过这段代码，“交换”q[2]和 q[3]的量子态。代码可分为以下 3 个部分：

①配置个人信息，完成 API 接口初始化。

②将代码通过 API 接口发送给远程量子芯片。执行 Open-QASM 的接口是 run_experiment。该接口包含 5 个参数：第一个参数是需要执行的 Open-QASM 代码，第二个参数是指定执行程序的后端，第三个参数是 shots，第四个参数和第五个参数分别表示实验名称和等待的时间。

③获取执行结果。结果以 JSON 的数据格式返回，通过解析原数据即可获得需要的信息。

运行这段程序的输出如图 3.21 所示。

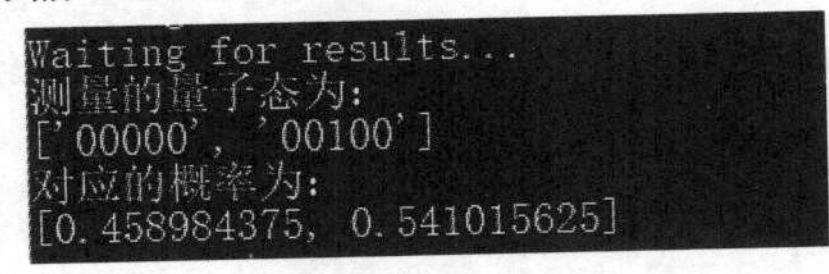

```
Waiting for results...
测量的量子态为:
['00000', '00100']
对应的概率为:
[0.458984375, 0.541015625]
```

图 3.21　实验结果

除了上述介绍的功能之外，IBM Quantum Experience 还提供了详尽的用户手册，并根据用户的不同知识背景编写了不同的版本，任何用户都可在其中找到适合自己阅读的材料。此外，它还开放了丰富的社区功能，方便用户交流使用经验，反馈试用心得，IBM 的研究人员会在社区回答、交流各种问题。

整体而言，通过该平台用户可与真实的量子设备进行交互，并且这些量子芯片较为稳定。更重要的是，它所提供的量子设备不管是错误率还是退相干时间，都在目前所有已知平台的已发布数据中位列前茅。

3.3.2　LIQui|⟩

微软公司 QuArC 团队开发的LIQui|⟩是一款基于.NET 平台开发的量子计算模拟平台，其全称是 Language Integrated Quantum Operations。需要指出的是，目前人们尚未看到微软公司发布任何真正的量子计算平台（微软公

司量子计算的技术路线是拓扑量子计算，目前人类是否真正发现了拓扑量子计算所必需的马约拉纳准粒子仍在争论当中）。因此，该平台其实是使用传统的电子计算机来模拟量子计算的量子仿真器。该平台包括以 F#为宿主语言的函数式量子编程语言以及用于执行量子程序的仿真器。通过该仿真器，可在 32 G 内存的传统计算机上模拟至多 30 个量子比特。此外，在编写代码时可借助 Visual Studio 这一强大的 IDE 帮助分析和调试。

该平台最大的特点在于以下两点：

①支持多种模拟方式，不仅能模拟量子线路、量子稳定线路(quantum stabilizer circuit)，还能有效地模拟量子噪声，甚至能用于对费米子的哈密尔顿量的模拟。

②所提供的量子编程语言具有丰富的语法细节，这一点在接下来的描述中会清晰地看到。

第一点中的量子稳定线路是指满足以下条件的量子线路（可参考 Gottesman–Knill 定理）：

①只能使用泡利-X门、泡利-Y门、泡利-Z门、阿达马门、相位门以及受控非门这些逻辑门。

②只能将量子比特制备成$|0\rangle$或$|1\rangle$。

③只能在可计算基矢上进行测量。

由于传统计算机能有效地对量子稳定线路进行模拟，因此，这种线路本身并不能体现量子计算的优势。但按照这种方式可模拟更多数量的量子比特，通常将其用于验证和实现量子纠错算法。

下文中，我们将从安装、语法与编程以及执行 3 个方面对LIQui|⟩进行全面的介绍。

（1）安装

LIQui|⟩目前提供对 Windows，Ubuntu 和 Mac OS 的支持。在这 3 种操作系统上对LIQui|⟩的操作仅仅是部分指令不同。因此，下面仅以 Windows 操作系统为例进行说明。

首先需要在该项目的 GitHub 上下载程序包。解压之后在 bin 文件夹中通过命令行的方式执行 Liquid.exe 程序即可运行。如图 3.22 所示为不加任何参数的执行结果。

```
C:\Liquid-master\bin>Liquid.exe
0:0000.0/
0:0000.0/===================================================================================
0:0000.0/=    The Language-Integrated Quantum Operations (LIQUi|>) Simulator              =
0:0000.0/=        Copyright (c) 2015,2016 Microsoft Corporation                           =
0:0000.0/=        If you use LIQUi|> in your research, please follow the guidelines at    =
0:0000.0/=        https://github.com/StationQ/Liquid for citing LIQUi|> in your publications.   =
0:0000.0/===================================================================================
0:0000.0/
0:0000.0/TESTS (all start with two underscores):
0:0000.0/    __Big()               Try to run large entanglement tests (16 through 33 qubits)
0:0000.0/    __Chem(m)             Solve Ground State for molecule m (e.g., H2O)
0:0000.0/    __ChemFull(...)       See QChem docs for all the arguments
0:0000.0/    __Correct()           Use 15 qubits+random circs to test teleport
0:0000.0/    __Entangle1(cnt)      Run n qubit entanglement circuit (for timing purposes)
0:0000.0/    __Entangle2(cnt)      Entangle1 with compiled and optimized circuits
0:0000.0/    __Entangles()         Draw and run 100 instances of 16 qubit entanglement test
0:0000.0/    __EntEnt()            Entanglement entropy test
0:0000.0/    __EIGS()              Check eigevalues using ARPACK
0:0000.0/    __EPR()               Draw EPR circuit (.htm and .tex files)
0:0000.0/    __Ferro(false,true)   Test ferro magnetic coupling with true=full, true=runonce
0:0000.0/    __JointCNOT()         Run CNOTs defined by Joint measurements
0:0000.0/    __Kraus(cnt,AD,DP,v)  Teleport w/noise for cnt times with prob AmpDamp=AD, DePolar=DP, v=true=verbose
0:0000.0/    __Noise1(d,i,p)       d=# of idle gates, i=iters, p=probOfNoise
0:0000.0/    __NoiseAmp()          Amplitude damping (non-unitary) noise
0:0000.0/    __QECC()              Test teleport with errors and Steane7 code (gen drawing)
0:0000.0/    __QFTbench()          Benchmark QFT used in Shor (func,circ,optimized)
0:0000.0/    __QLSA()              Test of HHL linear equation solver
0:0000.0/    __QuAM()              Quantum Associative Memory
0:0000.0/    __QWalk(typ)          Walk tiny,tree,graph or RMat file with graph information
0:0000.0/    __Ramsey33()          Try to find a Ramsey(3,3) solution
0:0000.0/    __SG()                Test spin glass model
0:0000.0/    __Shor(N,true)        Factor N using Shor's algo false=direct true=optimized
0:0000.0/    __show("str")         Test routine to echo str and then exit
0:0000.0/    __Steane7()           Test basic error injection in Steane7 code
0:0000.0/    __Teleport()          Draw and run original, circuit and grown versions
0:0000.0/    __TSP(5)              Try to find a Traveling Salesman solution for 5 to 8 cities
0:0000.0/
```

图 3.22　Liquid 执行结果

程序会自动给出现有的内置函数，用户可通过将函数名作为参数的方式传递给 Liquid.exe 程序执行

Liquid.exe　functionName()。

当然，也可通过 Visual Studio 打开 source 文件夹中的 Liquid.sln 文件编译执行。这两种方式各具优势，前者更为快速高效，后者则有完整的 debug 环境。选用哪种由读者自行权衡。

（2）语法与编程

LIQui|⟩包含一种内置于 F#的量子编程语言，用户可通过这种编程方式对量子算法和程序进行描述。该语言主要包括以下主要成分：

Bit：即传统比特，可取{1,0,unknown}3 个值之一。其中，unknown 表示该比特对应的量子比特尚未被测量，状态还不能确定。

Qubit：即单个量子比特，多个量子比特构成量子比特列表（qs）。

Ket：代表系统中所有量子比特的态向量。在程序开始时，通过 Ket(n)来声明，其中 n 表示量子比特的个数。该变量在量子比特之间尚未相互纠

缠时，其所占的空间与量子比特的个数成正比，一旦量子比特逐渐开始纠缠，它所占的空间大小就按照2^n的速度增长。读者可以想象一下需要的存储量有多大。

Gate：即量子逻辑门。这些逻辑门的数学表示可以是幺正矩阵，也可以是非幺正的（如测量、重置等）。

Operation：将量子门作用在量子比特的这一过程，被称为 operation，如 H qs 这个操作的含义就是将阿达马门作用在 qs 中的第一个量子比特上。

Circuit：绘制、优化等操作并不能直接对编写的函数执行，而是需要先将编写的函数转换为线路类型。

接下来通过一个例子帮助读者理解。

例 3.6　思考以下程序：

```
let ket = Ket(3)
let qs = ket.Qubits
let qsT = qs.Tail
H qs
let Alice = qs.Head
show "Alice 持有的未知量子态为：%s"Alice.ToString())
H qsT
CNOT qsT
CNOT qs
H qs
M qsT
BC X qsT
M qs
BC Z !!(qs,0,2)
let Bob = qs.Tail.Tail
show "Bob 持有的量子态最终为：%s"(Bob.ToString())
```

这段代码就是一段完整的LIQui|⟩程序，其功能是实现前面介绍过的“量子隐形传态”，首先通过

let ket = Ket(3)

声明一个包含 3 个量子比特的态向量 ket，随后将 ket 中的 3 个量子比特以列表的形式赋给 qs。qs.Tail 和 qs.Head 的含义分别是返回一个不包含第一个量子比特的量子比特列表，以及返回仅包含第一个量子比特的量子比特列表。随后执行量子隐形传态操作。需要说明的是，代码中的 BC 操作的语法是

BC gate qs

即如果 qs 中的第一个量子比特的测量结果为 1，则对 qs 中的第二个量子比特执行 gate 操作。在执行该操作之前，需要先对 qs 中的第一个量子比特进行测量（M）。

LIQUi|⟩还有更多的语法细节，这里不再展开描述。

（3）执行

可以通过以下 3 种执行方式来执行编写好的代码。

①函数模式

在 Visual Studio 中进行编程，将需要的程序编写成函数的形式，并通过重新编译生成后的 Liquid.exe 执行代码。编写的函数必须有[<LQD>]这一标签才能被编译器识别，所有内置函数的命名都以“_”开头，自定义的函数则无此要求。首先将上一步编写好的程序命名为 UserFunction，然后将该函数放在 Main.fs 文件的 UserSample 模块中，并重新编译。在新生成的 bin 文件夹中，执行命令

Liquid.exe UserFunction()

即可执行程序，得到的结果如图 3.23 所示。

```
C:\Liquid-master\source\bin\Debug>Liquid.exe UserFunction()
0:0000.0/
0:0000.0/===============================================================================
0:0000.0/=    The Language-Integrated Quantum Operations (LIQUi|>) Simulator            =
0:0000.0/=        Copyright (c) 2015,2016 Microsoft Corporation                         =
0:0000.0/=        If you use LIQUi|> in your research, please follow the guidelines at  =
0:0000.0/=        https://github.com/StationQ/Liquid for citing LIQUi|> in your publications. =
0:0000.0/===============================================================================
0:0000.0/
0:0000.0/=============== Logging to: Liquid.log opened ===============
0:0000.0/这是用户自定义的函数 'UserFunction'
0:0000.0/Alice持有的未知量子态为:          0.7071|0>+          0.7071|1>
0:0000.0/Bob持有的量子态最终为: [          0.7071|0>+          0.7071|1>]
0:0000.0/=============== Logging to: Liquid.log closed ===============
```

图 3.23　执行结果

②脚本模式

将编写的代码保存成后缀为.fsx 的文件的形式，并在 F#交互环境 fsi 下运行即可（在安装对 F#语言的支持工具之后，可在命令行中直接执行 fsi 命令）。具体的操作是，首先在 Liquid 的 Samples 文件夹中新建一个后缀为.fsx 的文件（此处命名为 UserScripts.fsx），然后将代码改写为以下形式：

```
#if INTERACTIVE
#r @".、\bin\Liquid1.dll"
#else
namespace Microsoft.Research.Liquid
#endif
open System
open Microsoft.Research.Liquid
open Util
open Operations

module Script =
    [<LQD>]
    let UserScript() =
        show "这是用户自定义的函数 'UserFunction'"
        let ket = Ket(3)
        let qs = ket.Qubits
        let qsT = qs.Tail
        H qs
        let Alice = qs.Head
        show "Alice 持有的未知量子态为：%s" (Alice.ToString())
        H qsT
        CNOT qsT
        CNOT qs
        H qs
        M qsT
```

```
        BC X qsT
        M qs
        BC Z !!(qs,0,2)
        let Bob = qs.Tail.Tail
        show "Bob 持有的量子态最终为：%s"（Bob.ToString())


#if INTERACTIVE
do
    Script.UserScript()
#endif
```

注意，任何脚本代码文件的文件头是相同的。同时，在该文件夹中执行命令

fsi UserScript.fsx。

其执行结果如图 3.24 所示。

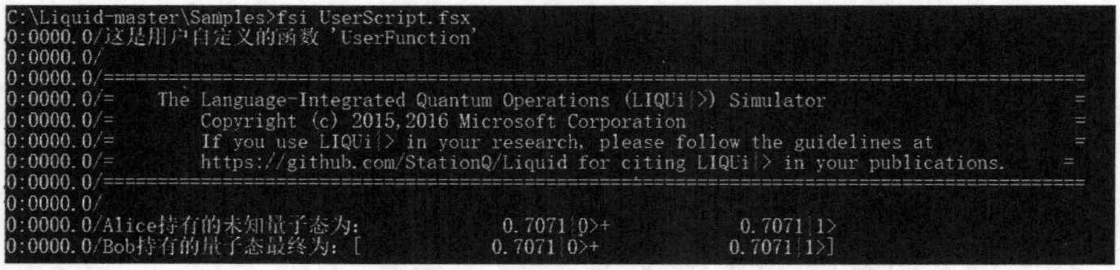

```
C:\Liquid-master\Samples>fsi UserScript.fsx
0:0000.0/这是用户自定义的函数 'UserFunction'
0:0000.0/
0:0000.0/===============================================================================
0:0000.0/=    The Language-Integrated Quantum Operations (LIQUi|>) Simulator           =
0:0000.0/=        Copyright (c) 2015,2016 Microsoft Corporation                        =
0:0000.0/=        If you use LIQUi|> in your research, please follow the guidelines at  =
0:0000.0/=        https://github.com/StationQ/Liquid for citing LIQUi|> in your publications. =
0:0000.0/===============================================================================
0:0000.0/
0:0000.0/Alice持有的未知量子态为:            0.7071|0>+          0.7071|1>
0:0000.0/Bob持有的量子态最终为: [           0.7071|0>+          0.7071|1>]
```

图 3.24　执行结果

使用这种模式的好处是运行代码不需要通过 IDE，使用起来最方便。但其缺点也非常明显，调试代码的过程会非常困难。

③线路模式

也可将执行方式①中编写的函数编译成线路的数据结构进行执行。按照这种方式执行代码，不仅可得到实验结果，还能完成绘制线路图、优化线路等功能。因此，首先需要将代码修改为以下形式：

```
let teleport(qs:Qubits) =
    let qsT = qs.Tail
    LabelL >!< (["src"; "\\ket{0}"; "\\ket{0}"],qs)
```

```
        H qsT
        CNOT qsT
        CNOT qs
        H qs
        CNOT qsT
        H qs.Tail.Tail
        CNOT !!(qs,0,2)
        H qs.Tail.Tail
        LabelR "Dest"!!(qs,2)
    [<LQD>]
    let c() =
        let ket = Ket(3)
        let qs = ket.Qubits
        teleport qs
        let circ = Circuit.Compile teleport qs
        circ.Run qs
        circ.Dump()
        circ.Fold().RenderHT("teleport")
```

然后通过 Visual Studio 对代码进行编译。编译成功后在命令行中执行

Liquid.exe c()

即完成执行过程。得到的线路图如图 3.25 所示。

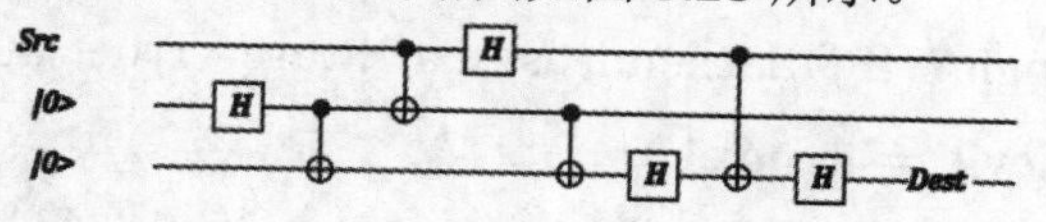

图 3.25　Liquid 编译生成的线路图

2017 年 12 月 11 日，微软又发布了另一款量子开发程序包，并设计了一种全新的量子编程语言 Q#。

3.3.3　ProjectQ

ProjectQ 是由苏黎世联邦理工开发的一款基于 Python3 的量子计算开

源软件。使用者可使用它来设计量子程序，并且设计好的量子程序既可在 ProjectQ 内置的量子仿真器上执行，也可在 IBMQX 量子计算机上执行。该平台是通过将该高级语言编译为量子线路，再将量子线路编译为硬件指令的方式来执行算法的。该流程大致总结为图 3.26。

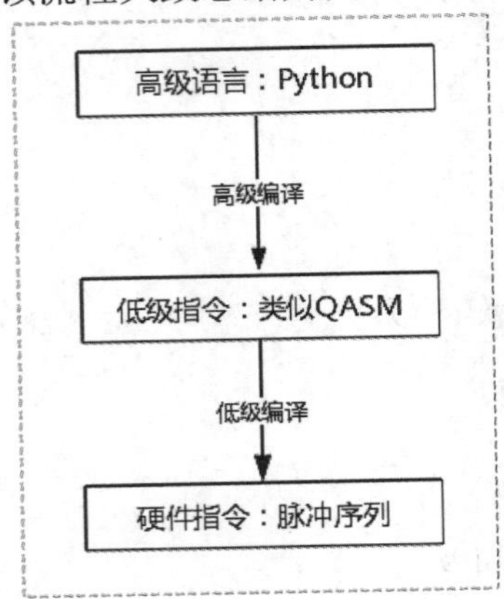

图 3.26 ProjectQ 执行流程

用户在 ProjectQ 的 GitHub 网站下载源码，并在代码中引入相应的程序包即可执行。ProjectQ 要求每个程序都包含一个 MainEngine。MainEngine 实例中包含所有需要编译的元素以及选用的后端信息。在声明该实例时，可通过传递参数的方式来选择哪种后端来执行程序。目前，可供选择的后端包括以下 3 种：

①IBM 云量子芯片：使用以下语句进行初始化：

eng=MainEngine(IBMBackend(use_hardware=True, num_runs=1024, verbose=False, device='ibmqx4'))

其中，num_runs 表示执行线路 num_runs 次以获得概率性的结果，device 表示选用的量子芯片名称，verbose 表示是否将生成的 Open-QASM 代码打印在控制台。这种后端会将用户用高级语言编写的代码编译为 Open-QASM 代码，并调用 IBM 的 QISKit 提供的 API 接口，将代码发送给量子芯片执行。但用户自己编写的代码并不一定符合 IBM 的物理条件（如量子比特的数量、量子比特之间的连接关系等）。在编译的过程中，编译器会对原始代码进行修改，尽可能地满足要求。若经过优化之后仍无法满足要求，则会触发异常。

②量子仿真器：使用这种后端执行，需要运行初始化语句

```
eng = MainEngine()
```

这是该开发团队自己开发的一款用传统计算机模拟量子计算的仿真器。可通过用不同的仿真器在相同的实验平台上执行相同的算法。

③CircuitDrawer：需要用以下这条语句进行初始化：

```
eng = MainEngine(drawing_engine)
```

使用这种后端执行用户的代码会绘制线路图。但 ProjectQ 并不会直接将线路图绘制出来，而是生成 latex 格式的代码，需要用户再次自行编译。

接下来，将从“数据类型”“逻辑门与函数”和“元指令”3 个方面来介绍 ProjectQ 所规定的高级编程语言。

（1）数据类型

Qubit 是最基本的数据类型，可通过

```
qubit1 = eng . allocate_qubit ()
```

这段语句进行声明。其中，qubit1 就是类型为 Qubit 的变量，eng 是 MainEngine 的实例。与 QASM 等汇编语言不同的是，ProjectQ 并没有强制要求用户必须在代码开始时声明程序中所需的量子比特数量，而是在代码编写的任何地方都允许声明，相对较为灵活。

多个量子比特的集合构成 qureg(量子寄存器的缩写)类型，可通过

```
qs = eng.allocate_qureg(n)
```

这段语句进行声明。其中，eng 是 MainEngine 的实例，n 代表量子比特的个数，qs 是类型为 qureg 的变量。

（2）逻辑门与函数

将逻辑门作用在量子比特上的基本语法为：

```
R | qubit
```

其中，qubit 是单个量子比特，R 是逻辑门（包括测量）。如果想同时对整个量子寄存器的所有量子比特执行逻辑门，则需要使用 All 函数

```
All(R) | qureg
```

其中，qureg 是量子寄存器。需要说明的是，在对量子比特测量之后，需要加上

```
eng.flush()
```

来执行所有的量子操作。

（3）元指令

在 ProjectQ 中常用的元指令包括以下两种：

①Control（eng,qs）：其语法形式为

```
with Control(eng,qs):
code segment
```

该指令相当于编程中的条件语句。其中，qs 可以是单独的量子比特，也可以量子寄存器；只有当 qs 中的所有量子比特都处于$|1\rangle$态时，才会执行 code segment。需要注意的是，该元指令在执行时，实际是先对 qs 做了测量操作。因此，在后续的代码中不能再对 qs 执行任何量子操作。

②Loop（eng,num_iterations）：其语法形式为

```
with Loop(eng,num_iterations):
code segment
```

该指令相当于编程中的循环结构，循环执行 num_iterations 次。

通过下面这个例子，读者会对 ProjectQ 有更清晰的理解。

例 3.7 在 ProjectQ 上通过受控非门来构造 SWAP 门，并将编写的代码在 IBM 量子云计算平台的芯片上执行。

```
eng = MainEngine(IBMBackend(use_hardware=True,
          num_runs=1024,verbose=True, device='ibmqx4'))
qs = eng.allocate_qureg(2)
H | qs[0]
CNOT | (qs[0],qs[1])
CNOT | (qs[1],qs[0])
CNOT | (qs[0],qs[1])
All(Measure) | qs
eng.flush()
```

通过前文的描述已知，在 ibmqx4 芯片上不能既以Qm为控制比特来控制Qn，又以Qn为控制比特来控制Qm。因此，ProjectQ 在生成 Open-QASM 代码时做了优化。通过将 MainEngine 实例的 verbose 参数设为 True，可得到优化后的 Open-QASM 代码如下：

```
include "qelib1.inc";
qreg q[3];
creg c[3];
h q[2];
cx q[2], q[1];
h q[1];
h q[2];
cx q[2], q[1];
h q[1];
h q[2];
cx q[2], q[1];
h q[1];
measure q[1] -> c[1];
h q[2];
measure q[2] -> c[2];
```

在编译的过程中，也同样通过添加阿达马门的方式完成了“反转”受控非门的构造。最终得到的执行结果如图 3.27 所示。

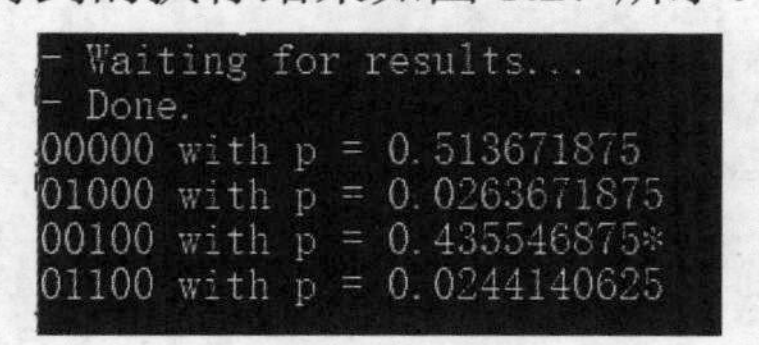

图 3.27　执行结果

目前，ProjectQ 已完成了与 IBM 云量子芯片的对接，正在与苏黎世联邦理工实验量子信息系的 Jonathan Home 团队的离子阱量子计算机对接，计划今后将与更多真实的量子设备对接。

3.3.4 其他平台简介

除了前面介绍的 3 个平台外，目前还有一些其他平台，这里一并简介。

（1）Forest 平台

Forest 是由硅谷的一家创业公司 Rigetti 开发的量子计算云平台。该云平台于 2017 年 10 月 31 日正式上线。用户在使用之前，需要在其官网上完成注册，以便获得 Key 和 User_id。有以下两种后端可供用户选择执行：

①QVM：Quantum Virtual Machine 的缩写，即量子模拟器。目前最多可以模拟 36 个量子比特，但普通用户只能使用 26 个。当实际使用的量子比特数量大于 16 或算法的执行时间超过 5 s 时，需用队列结构上传任务，不立刻执行算法，将算法放在用户队列中排队执行。

②QPU：云端的原型超导量子处理器。

除了位于云端的后端之外，Forest 还定义了一种量子汇编语言 Quil（Quantum Instruction Language），并使用 Python 语言开发了 pyQuil 库。目前，该库兼容 Python2 和 Python3。由于官方手册中表示在未来会逐步取消对 Python2 的部分支持，故出于长远的考虑，建议通过 Python3 编写代码。用户通过在代码中引入 pyQuil 库，即可编写 Quil 代码。简单来说，可将完整的执行过程总结为图 3.28。

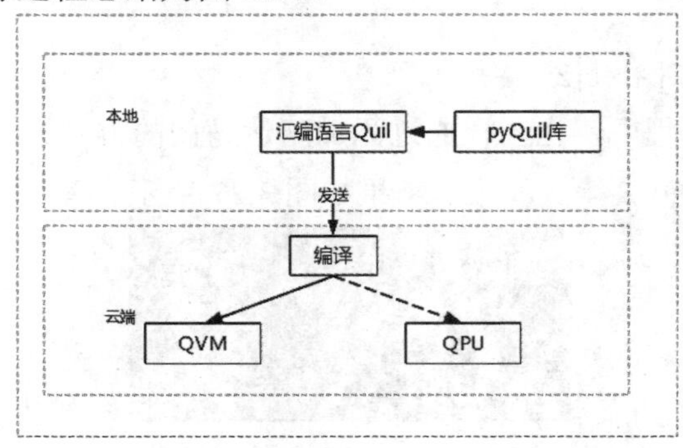

图 3.28　Forest 执行流程

云端的编译器会将接收到的 Quil 代码编译为简化的 Quil 或其他形式以供后端执行。因目前 Forest 尚未完成与实际量子芯片 QPU 对接，故图 3.28 中编译后的代码与 QPU 以虚线相连。

接下来，将对编写 Quil 代码及执行的方法进行介绍。

编写 Quil 代码：

在编写程序时，需要先声明一个程序体

```
p = Program()
```

程序中，所有 Quil 代码都需要放在 Program 体里才能执行。

在声明了程序体之后，即可编写 Quil 代码。在编程过程中，使用的量子比特无须提前声明，直接使用整数表示即可，即数字 n 表示第 n 个量子比特，但在程序体中不能出现超过 16 个量子比特，否则会触发异常。Quil 语言目前支持使用的逻辑门包括：泡利-X门、泡利-Y门、泡利-Z门、泡利-I门、阿达马门、相位门，以及Rx，Ry，Rz等单量子比特逻辑门；受控相位门、受控非门和 SWAP 等双量子比特门，以及托佛利门。通过执行语句

```
p.inst(...)
```

就能将 Quil 传递给程序体。其中，省略号表示编写的 Quil 代码。最后可调用 measure 函数来测量：

```
p.measure(m,n)
```

第一个参数代表量子比特 m，第二个参数代表测量结果存储在传统寄存器的第 n 个元素；其中第二个参数在下一步中还将用到。运行上面这行代码，可将第 1 个量子比特的测量结果存储在传统寄存器的第一个元素中。

至此，即可完成程序体的构造以及代码的编写。

执行：

首先，需要构造一个 Connection 对象，该对象可以是 QVMConnection，或者是 QPUConnection。但至今 Forest 尚未完成与量子处理器 QPU 的对接，故只能使用 QVMConnection 进行连接：

```
qvm = pyquil.api.QVMConnection(),
```

然后用构造好的连接对象调用 run 函数即可执行

```
qvm.run(p,[0,1,2])
```

其中，p 是在上一步构造的程序体，[0,1,2]代表包含 3 个元素的传统寄存器，这 3 个元素对应的索引分别为 0,1,2。上一步中提到的 measure 函数的第二个参数就对应于这个的索引。run 函数的第三个参数是可选的，用于指定执

行线路并测量的次数

```
qvm.run(p,[0],n)
```

其中，n 表示执行线路并测量的次数。执行这段代码得到的结果是[[x]*10]。其中，x 的取值由每次的测量结果而定。

通过下面这个例子，读者会对如何编写 Quil 代码和其执行有更清晰的理解。

例 3.8 下面这段代码是一个完整的 Quil 程序。

```
from pyquil.quil import Program
import pyquil.api as forest
from pyquil.gates import *
qvm = forest.QVMConnection()
p = Program()
p.inst(X(0),H(1),CNOT(1,2),CNOT(0,1),H(0),CNOT(1,2),H(2),CNOT(0,
2),H(2))
p.measure(2,0)
res = c.run(p,[0])
```

通过上述程序，我们在 Forest 的 QVM 后端上完成了“量子隐形传态”。其中，第四行用于声明 Connection 对象，第五行中编写了 Quil 代码，第六行中完成量子比特“2”的测量，并将测量结果存放在传统寄存器的第一个元素中，第七行执行程序并获取结果。最终可得到一个二维数组

```
>>>[[1]]
```

该二维数组中存储的就是量子比特“2”的测量结果。值得一提的是，Forest 的测量并不能得到统计性的结果。有兴趣的用户可自行编写代码来统计各个态出现的频率。

（2）QX 平台

QX 是由 QuTech 量子计算实验室开发的一款通用性量子计算机仿真器。它能在传统计算机上模拟量子计算机的量子线路的执行过程。它定义了一种低级的量子汇编语言 quantum code，用户可将程序通过汇编代码 quantum code 的方式进行编写，并在仿真器上执行编写的代码，后缀为.qc。

相较于 QASM，quantum code 提供更为丰富的功能。

逻辑门：Quantum code 允许的量子逻辑门更为丰富，包括：泡利-X门，泡利-Y门，泡利-Z门，π/4相移门T及其共轭转置，相位门S，阿达马门H，Rx，Ry和Rz在内的单量子比特逻辑门；CNOT，CPAHSE，CR，CX，CZ 和 SWAP 在内的双量子比特逻辑门；三量子比特逻辑门托佛利门，以及可制备初态的制备门 Prepz。因 QASM 提供的逻辑门已可构成通用逻辑门，故更多的逻辑门支持的意义仅在于减小代码的复杂度。

寄存器的声明，Quantum code 中包含传统寄存器的概念，但不需要对传统寄存器进行声明即可使用。在测量时，默认q0存放于 c0，以此类推。

子线路：可通过标签的方式将完整的线路分为几个小的块，以便于调试和维护。

下面给出一段示例代码帮助读者理解。

例 3.9　思考以下代码：

```
qubits 4
# circuit 1
.first_circuit
    h q0
    cnot q0,q1
    x q1
    y q2
    z q3
    display
# measurement
.measurement
    measure q0
    measure q1
    measure q2
    measure q3
    display_binary
```

语句 qubits 4 声明了 4 个量子比特，默认为 q0，q1，q2，q3。后续代码分为两个子线路：circuit1 和 measurement，分别用于执行量子逻辑门和执行测量。其中，display 和 display_binary 是监控指令，用于打印量子态和测量结果，这两条指令可出现在代码任何处。

目前，QX 分别提供了适用于 Windows 平台、Linus 平台和 Mac OS 平台的程序包，只需简单地编译就可直接使用，并且不依赖于其他环境，而不开放源代码。

除 Forest 和 QX 平台，还有许多具有各自特色、颇具研究和学习价值的平台，包括悉尼科技大学发布的量子编程平台Q|SI⟩，日本电话电报公司发布的 QNNCloud，以及谷歌发布的专门模拟量子化学问题和费米子模型的 OpenFermion 库等。

第 4 章　量子算法的编程实现

在初步学习了量子编程相关概念的基础上，本章将重点介绍如何在几个主要的量子计算平台上，即 IBM Quantum Experience，LIQui|⟩和 ProjectQ，对几个典型的量子算法进行编程实现，并给出输出结果的简单分析。这些算法在其他量子计算平台上的编程实现，如 Forest 平台和 QX 平台等，由于原理类似，因此，留作练习供读者实际体验。

4.1　Deutsch 算法

完整的 Deutsch 算法只需要使用两个量子比特，线路图也较为简单，如图 4.1 所示。

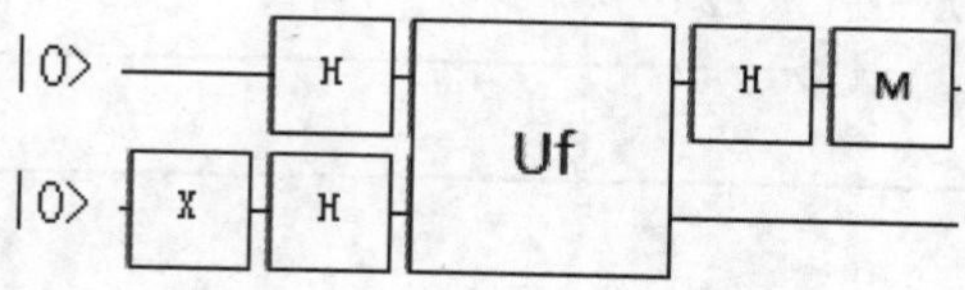

图 4.1　Deutsch 算法线路图

其中，可进一步细化，将函数Uf通过受控非门来表示。此时，在执行 Deutsch 算法后，一定可得到$f(0) \neq f(1)$，即测量第一个量子比特会得到“1”。

接下来，分别在 IBM Quantum Experience，LIQui|⟩和 ProjectQ 3 个平台上对 Deutsch 算法进行编程实现。

4.1.1 IBM Quantum Experience

在该算法的编程实现中，可选择使用 ibmqx4 芯片作为后端。之所以做出这种选择，是因为 ibmqx4 芯片同时允许“五线谱”编程和借助 QISKit 两种方式，并且逻辑门的错误率总体而言低于 ibmqx2 芯片，能够更好地起到示例的作用。在后面两个算法的编程实现中，也基于相同的原因选择 ibmqx4 芯片。下面将分别使用这两种方式对 Deutsch 算法进行编程实现并执行。

（1）“五线谱”编程

在 IBM Quamtum Experience 的 Composer 界面，任意选择两个能够通过受控非门进行连接的量子比特作为 Deutsch 算法实际使用的量子比特。实际操作中，选择使用量子比特 q3 和量子比特 q4，并构造线路，如图 4.2 所示。

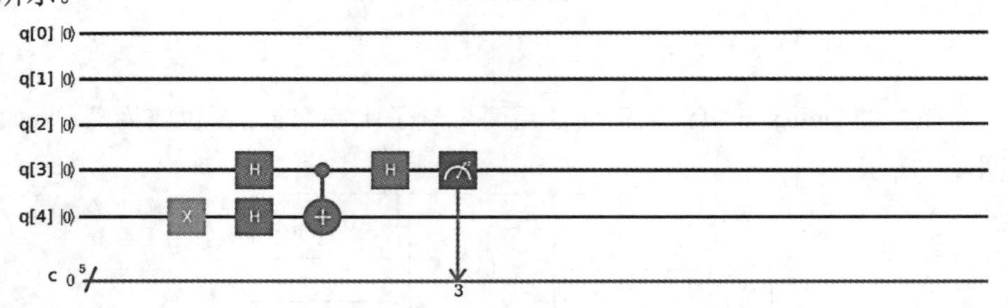

图 4.2 五线谱编程实现 Deutsch 算法

执行之前，指定参数 shot=1 024，这意味着选择执行并测量线路 1 024 次以获取统计性的结果。该参数的取值范围是区间[1, 8192]的任何一个整数，之所以选择执行 1 024 次，是因为越多的执行次数会消耗越多的执行单元，得到的结果也更具统计性；执行次数越少，消耗的执行单元越少，但得到的结果则会不那么具有代表性，而 1 024 次只需要 3 个执行单元，并且能得到概率性的结果。最终执行结果如图 4.3 所示。

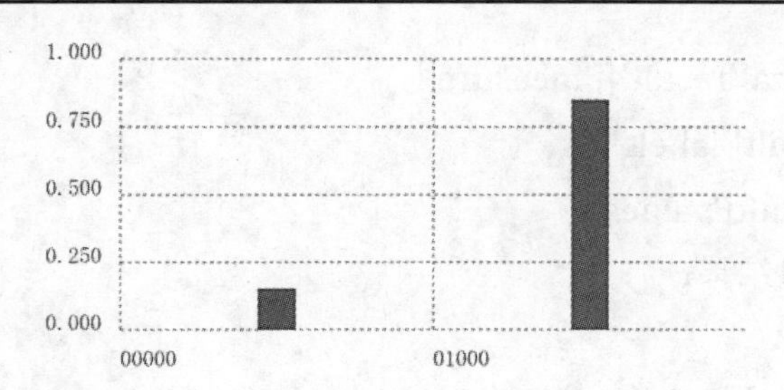

图 4.3　执行结果

其中，“00000”和“01000”是 5 个量子比特共同的量子态，其中 q3 代表从左向右第二位，q4 代表从左向右第一位。因此，实际的结果可解读为：测量量子比特 q3 能够以 15.1%的概率得到 0，以 84.9%的概率得到 1。从理论上而言，测量量子比特 q3 能以 100%的概率得到 1，之所以产生误差，是因为 IBM 提供的真实量子芯片在制备量子态和执行逻辑门操作时都会带来额外的噪声。因此，在 IBM 量子云芯片上，执行的逻辑门操作越多，所得到的结果与理论值相差越大。这也向读者展示了当今大型通用容错量子计算机在解决可扩展性方面面临的巨大挑战。

（2）QISKit

通过 QISKit 执行的程序的大致流程是：编写 Open-QASM 代码，初始化 API 实例，调用 API 接口 run_experiment 上传代码，获取实验结果并解析。

按照这一流程编写的代码如下：

```
from IBMQuantumExperience import *
config = {
    "url": 'https://quantumexperience.ng.bluemix.net/api'
}
token = "your token"
api = IBMQuantumExperience(token, config)
code = 'OPENQASM 2.0;include "qelib1.inc";qreg q[5];creg c[5];x q[4];h q[3];h q[4];cx q[3],q[4];h q[3];measure q[3] -> c[3];'
data = api.run_experiment(code,'ibmqx4', 1024, name=None, timeout= 60)
```

```
result = data['result']['measure']
label = result['labels']
value = result['values']
print("测量结果：")
print(label)
print("对应的概率为：")
print(value)
```

在这段代码中，同样指定执行并测量线路 1 024 次。按照这种方式执行代码得到的结果如图 4.4 所示。

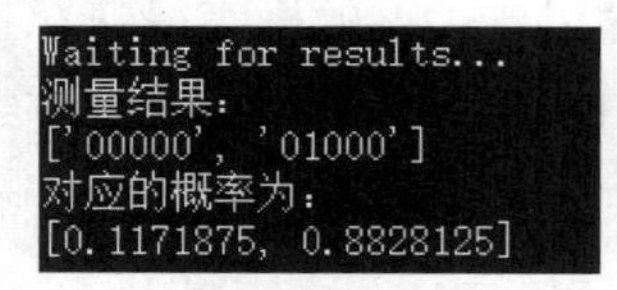

图 4.4　API 方式执行结果

同样，只需要关注“00000”和“01000”两个结果中从左向右数的第二个位置的数字即可。最终测量的结果是能够以 88.3%的概率得到“1”，以 11.7%的概率得到“0”。

4.1.2　LIQui|⟩

选择使用“函数方式”编写代码并执行。编写的代码如下：

```
[<LQD>]
let D() =
    let ket = Ket(2)
    let qs = ket.Qubits
    X qs.Tail
    H >< qs
    CNOT qs
    H qs
    M qs
```

```
    let target = qs.Head
    show "测量得到的结果是：%s" (target.ToString())
```

在编译生成的 bin/Debug 文件夹中执行命令

```
Liquid.exe D()
```

得到的执行结果如图 4.5 所示。

```
C:\Liquid-master\source\bin\Debug>Liquid.exe D()
0:0000.0/
0:0000.0/===============================================================================
0:0000.0/=    The Language-Integrated Quantum Operations (LIQUi|>) Simulator           =
0:0000.0/=        Copyright (c) 2015,2016 Microsoft Corporation                        =
0:0000.0/=        If you use LIQUi|> in your research, please follow the guidelines at =
0:0000.0/=        https://github.com/StationQ/Liquid for citing LIQUi|> in your publications. =
0:0000.0/===============================================================================
0:0000.0/
0:0000.0/============== Logging to: Liquid.log opened ===============
0:0000.0/测量得到的结果是:              0|0>+              1|1>
0:0000.0/============== Logging to: Liquid.log closed ===============
```

图 4.5　Liquid 执行结果

即对量子比特 q0 进行测量可以以 100%的概率得到测量结果“1”。

4.1.3　ProjectQ

编程分别针对 ProjectQ 的量子仿真器、IBM 云量子芯片和线路绘制 3 种后端执行，帮助读者全面理解 ProjectQ 编程。为了能够使程序顺利执行，需要先引入以下文件：

```
import math
import projectq.setups.ibm
from projectq.backends import IBMBackend,CircuitDrawer
from projectq import MainEngine
from projectq.ops import *
```

编写的 Deutsch 函数代码如下：

```
def Deutsch(eng,t):
    qs = eng.allocate_qureg(2)
    X | qs[1]
    All(H) | qs
    CNOT | (qs[0],qs[1])
    H | qs[0]
```

```
        Measure | qs
        eng.flush()
        if t == 'ibm':
            results = eng.backend.get_probabilities(qs)
        elif t == 'simulator':
            print("执行 DEUTSCH 算法，测量得到的结果是：" + str(int(qs[0])))
        elif t == 'drawer':
            print(drawing_engine.get_latex())
        else:
            pass
```

函数包含两个参数，第一个是构造的后端实例，第二个是表示当前执行后端名称的字串。

当选择“量子仿真器”后端执行时，用于调用 Deutsch 函数的主函数代码为：

```
if __name__ == "__main__":
    #simulator
    eng = MainEngine()
    types = 'simulator'
Deutsch(eng,types)
```

此时，执行得到的结果为：

```
>>>执行 DEUTSCH 算法，测量得到的结果是：1
```

选择 IBM 云量子芯片时，指定使用 ibmqx4 芯片执行并测量线路 1 024 次，并将生成的 Open-QASM 代码打印在控制台。在这种情况下，调用 Deusch 函数的主函数代码为：

```
if __name__ == "__main__":
    #ibm backed
    eng = MainEngine(IBMBackend(use_hardware=True, num_runs
    =1024, verbose = True, device = 'ibmqx4'))
    types = 'ibm'
```

Deutsch(eng,types)

此时，执行该代码文件得到的结果如图 4.6 所示。

```
- Authenticating...
IBM QE user (e-mail) >
IBM QE password >
- Running code:
include "qelib1.inc";
qreg q[3];
creg c[3];
x q[2];
cx q[2], q[1];
h q[2];
measure q[1] -> c[1];
measure q[2] -> c[2];
- Waiting for results...
- Done.
00000 with p = 0.0732421875
01000 with p = 0.3759765625
00100 with p = 0.068359375
01100 with p = 0.482421875*
```

图 4.6　ProjectQ 的执行结果

注意，ProjectQ 生成的 Open-QASM 代码中量子位的序号与源代码中可能不一致（见图 4.6），实际使用的量子位是 q1 和 q2。测得 q1 为$|0\rangle$和$|1\rangle$的概率分别为 14.2%和 85.8%。

选用“线路绘制”后端时，编写的主函数代码为：

```
if __name__ == "__main__":
    #circuitDrawer
    drawing_engine = CircuitDrawer()
    eng = MainEngine(drawing_engine)
    types = 'drawer'
Deutsch(eng,types)
```

在这种情况下，执行该代码可得到文件 circuit.tex，是一个 LaTex 文件，需使用 PDFLatex 编译器编译生成 pdf 文件，该文件就是绘制出来的线路图。其样式如图 4.7 所示。

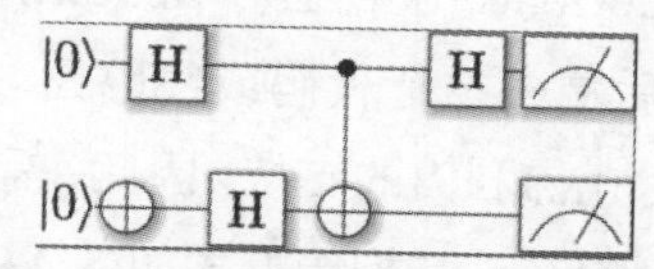

图 4.7　ProjectQ 编译产生的线路图

练习 4.1　将 Deutsch 算法在 QuTech 实验室开发的 QX 平台上进行编

程实现，并分析实验结果。

练习 4.2 将 Deutsch 算法在 Forest 平台上进行编程实现，并用 QVM 后端执行该代码。

4.2 Deutsch-Jozsa 算法

已知 Deutsch-Jozsa 算法是 Deutsch 算法推广到多元函数的情形。如何将这个算法在量子计算平台上编程实现呢？本节依然以 IBM Quantum Experience，LIQui|⟩和 ProjectQ 为例来实现该算法编程。Deutsch-Jozsa 算法的线路图如图 4.8 所示。

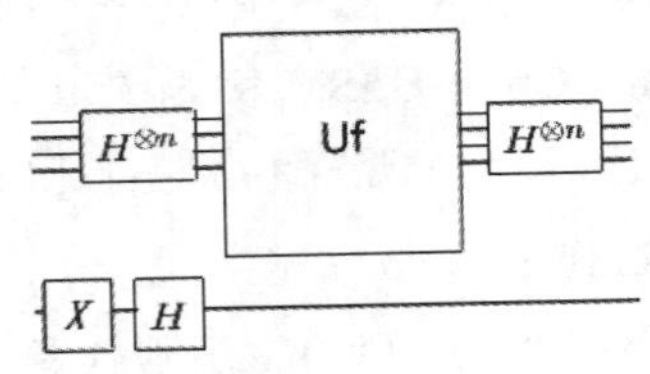

图 4.8 Deutsch-Jozsa 算法线路图

考虑 Deutsch-Jozsa 算法在 n=2 时的编程实现，此时可用托佛利门表示Uf，测量仅对前两个量子比特进行。

这种情况极具代表性，并且能够轻易地扩展到 n 取值更大的情况，只需要使用具有 n 个控制量子比特，1 个受控量子比特的多重受控量子逻辑门来表示函数Uf即可。

4.2.1 IBM Quantum Experience

在 IBM Quantum Experience 平台上对 Deutsch-Jozsa 算法编程实现时，选择 ibmqx4 芯片作为后端去执行代码或线路图。但由于 IBM Quantum Experience 不提供直接对托佛利门的支持，因此，需要使用受控非门和单比特逻辑门对托佛利门进行构造。其构造方式如图 4.9 所示。

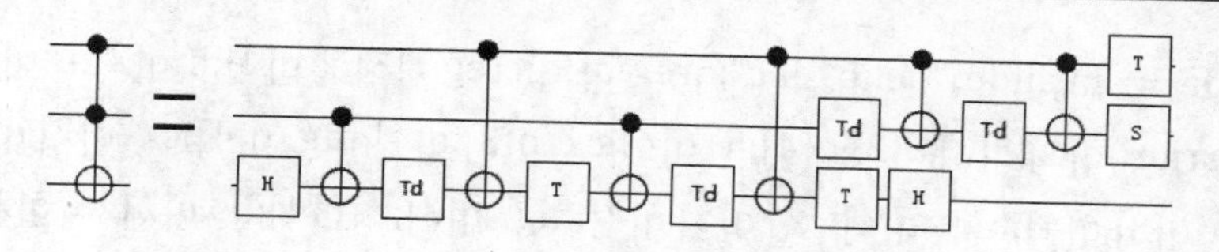

图 4.9　托佛利门构造

按照“五线谱”编程方式构造的量子线路图如图 4.10 所示。

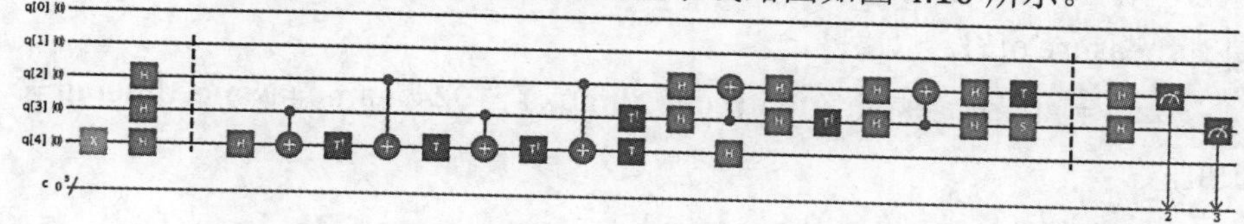

图 4.10　五线谱编程实现 Deutsch-Jozsa 算法（示意图）

在这种线路图的构造方式下，只需关注量子比特 q2 和量子比特 q3 最终的测量结果即可。在执行线路之前，指定参数 shot 的值为 1 024。其执行结果如图 4.11 所示。

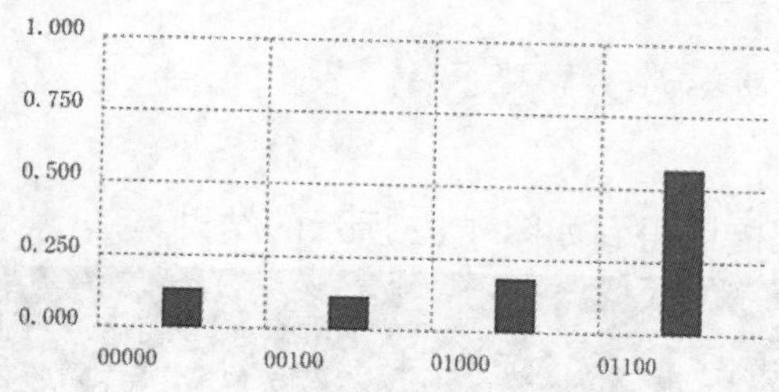

图 4.11　Deutsch-Jozsa 算法结果

其中，量子比特 q2 和 q3 以不同的概率出现不同的结果，具体就是能够以 13.5%的概率处于|00⟩态，以 11.4%的概率处于|10⟩态，以 18.5%的概率处于|01⟩态，以 56.6%的概率处于|11⟩态。

借助 QISKit 工具编程实现 Deutsch-Jozsa 算法，编写的完整代码为：

```
from IBMQuantumExperience import *
config = {
    "url": 'https://quantumexperience.ng.bluemix.net/api'
}
token = "your Token"
api = IBMQuantumExperience(token, config)
```

code = 'include "qelib1.inc";qreg q[5];creg c[5];x q[4];h q[2];h q[3];h q[4];barrier q[1],q[2],q[3],q[4];h q[4];cx q[3],q[4];tdg q[4];cx q[2],q[4];t q[4];cx q[3],q[4];tdg q[4];cx q[2],q[4];tdg q[3];t q[4];h q[2];h q[3];cx q[3],q[2];h q[4];h q[2];h q[3];tdg q[3];h q[2];h q[3];cx q[3],q[2];h q[2];h q[3];t q[2];s q[3];barrier q[1],q[2],q[3],q[4];h q[2];h q[3];measure q[2] -> c[2];measure q[3] -> c[3];'

data = api.run_experiment(code,'ibmqx4', 1024, name=None, timeout=180)

result = data['result']['measure']

label = result['labels']

value = result['values']

print("测量结果：")

print(label)

print("对应的概率为：")

print(value)

执行上述代码能够得到如图 4.12 所示的结果。

```
Waiting for results...
测量结果:
['00000', '00100', '01000', '01100']
对应的概率为:
[0.119140625, 0.1044921875, 0.189453125, 0.5869140625]
```

图 4.12　API 方式的执行结果

从执行结果中可以发现，量子比特 q2 和 q3 同样是以不同的概率出现不同的结果，即能够以 11.9%的概率处于$|00\rangle$态，10.4%的概率处于$|10\rangle$态，18.9%的概率处于$|01\rangle$态，58.7%的概率处于$|11\rangle$态。

4.2.2　LIQui|⟩

在此平台的 Deutsch-Jozsa 算法编程实现示例中，选择使用脚本方式编写代码并执行。编写的代码如下：

#if INTERACTIVE

```
#r @"..\bin\Liquid1.dll"
#else
namespace Microsoft.Research.Liquid
#endif
open System
open System.Collections.Generic
open Microsoft.Research.Liquid
open Util
open Operations

module Script =
    [<LQD>]
    let DJ() =
        let mutable q1_0 = 0.0
        let mutable q1_1 = 0.0
        let mutable q2_0 = 0.0
        let mutable q2_1 = 0.0
        for k=1 to 8192 do
            let ket = Ket(3)
            let qs = ket.Qubits
            X qs.Tail.Tail
            H >< qs
            CCNOT qs
            let target = !!(qs,0,1)
            H >< target
            M >< target
            if target.[0].Bit.v = 0 then
```

```
            q1_0 <- q1_0 + 1.0
        else
            q1_1 <- q1_1 + 1.0
        if target.[1].Bit.v = 0 then
            q2_0 <- q2_0 + 1.0
        else
            q2_1 <- q2_1 + 1.0
    show "q0: %f|0> + %f|1>" (q1_0/8192.0) (q1_1/8192.0)
    show "q1: %f|0> + %f|1>" (q2_0/8192.0) (q2_1/8192.0)
#if INTERACTIVE
do Script.DJ()
#endif
```

在 IBM Quantum Experience 平台上，执行次数的选择范围是[1, 8192]，为了使读者更方便比较，在这段代码中选取执行次数的上界以获取最具代表性的结果，即执行并测量构造的线路 8 192 次。将上述代码保存成文件 DJ.fsx，并将该文件放置于 Liquid 项目的 Samples 文件夹中，随后执行命令

```
fsi DJ.fsx
```

即可得到的输出结果，如图 4.13 所示。

```
C:\Liquid\Samples>fsi DJ.fsx
0:0000.0/
0:0000.0/===============================================================================
0:0000.0/=    The Language-Integrated Quantum Operations (LIQUi|>) Simulator           =
0:0000.0/=        Copyright (c) 2015,2016 Microsoft Corporation                        =
0:0000.0/=        If you use LIQUi|> in your research, please follow the guidelines at =
0:0000.0/=        https://github.com/StationQ/Liquid for citing LIQUi|> in your publications. =
0:0000.0/===============================================================================
0:0000.0/
0:0000.0/q0: 0.537354|0> + 0.462646|1>
0:0000.0/q1: 0.496826|0> + 0.503174|1>
```

图 4.13　执行结果

对该输出结果进一步分析发现，量子比特 q0 和 q1 在 Deutsch-Jozsa 算法执行完毕，并测量进行之前的量子态应该为

$$|q_0q_1\rangle = 0.267|00\rangle + 0.270|01\rangle + 0.230|10\rangle + 0.233|11\rangle,$$

该结果与预期结果相符。

4.2.3　ProjectQ

对于在 ProjectQ 平台上编程实现的 Deutsch-Jozsa 算法，我们仅使用“量子仿真器”作为执行后端。对于另两种后端，即 IBM 云量子芯片和线路绘制，有兴趣的读者可自行尝试使用。

在该平台上编写的 Deutsch-Jozsa 算法的完整代码如下：

```
def DJ():
    amp0_0 = 0
    amp0_1 = 1
    amp1_0 = 0
    amp1_1 = 0
    for times in range(0,1024):
        eng = MainEngine()
        qs = eng.allocate_qureg(3)
        X | qs[2]
        All(H) | qs

        #Toffoli
        H | qs[2]
        CNOT | (qs[1],qs[2])
        Tdagger | qs[2]
        CNOT | (qs[0],qs[2])
        T | qs[2]
        CNOT | (qs[1],qs[2])
        Tdagger | qs[2]
        CNOT | (qs[0],qs[2])
        Tdagger | qs[1]
        T | qs[2]
        CNOT | (qs[0],qs[1])
```

```
        H | qs[2]
        Tdagger | qs[1]
        CNOT | (qs[0],qs[1])
        T | qs[0]
        S | qs[1]

        for i in range(0,len(qs)-1):
            H | qs[i]
        Measure | qs
        eng.flush()
        if int(qs[0]) == 0:
            amp0_0 += 1
        else:
            amp0_1 += 1
        if int(qs[1]) == 0:
            amp1_0 += 1
        else:
            amp1_1 += 1
    print("q0:  %f|0>  +  %f|1>"%(amp0_0*1.0/1024,amp0_1*1.0/1024))
    print("q1:  %f|0>  +  %f|1>"%(amp1_0*1.0/1024,amp1_1*1.0/1024))
```

执行上述代码，可得到如图 4.14 所示的输出结果。

```
(Note: This is the (slow) Python simulator.)
q0: 0.520508 0> + 0.480469 1>
q1: 0.554688 0> + 0.445312 1>
```

图 4.14　ProjectQ 的执行结果

通过对结果进行分析，可进一步得到在测量之前，量子比特 q0 和 q1 的量子状态应为

$$|q_0 q_1\rangle = 0.289|00\rangle + 0.231|01\rangle + 0.266|10\rangle + 0.214|11\rangle,$$

该结果与理论推导的结果一致。

练习 4.3　将 Deutsch-Jozsa 算法在 QuTech 实验室开发的 QX 平台上进行编程实现，并分析实验结果。

练习 4.4　将 Deutsch-Jozsa 算法在 Forest 平台上进行编程实现，并采用 QVM 后端执行代码。

4.3　Grover 算法

通过 Grover 算法，我们大约能在$O(\sqrt{N})$的时间内完成对包含N个元素的无序数据库的检索。这对于目前只能依靠穷举法求解的问题具有重要的意义。Grover 算法的线路图如图 4.15 所示。

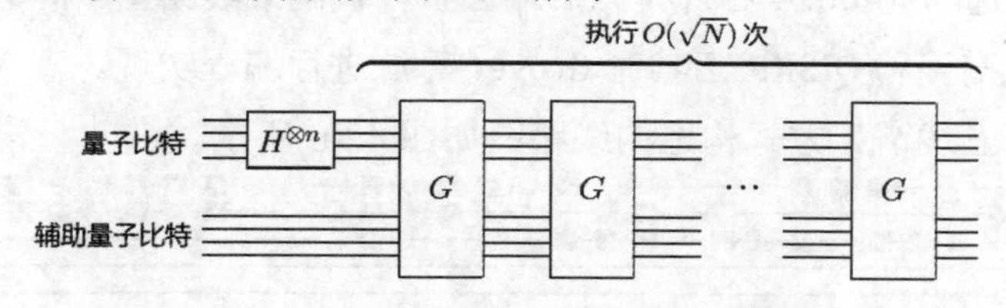

图 4.15　Grover 算法线路图（示意图）

其中，G算子的线路图又可表示为图 4.16。

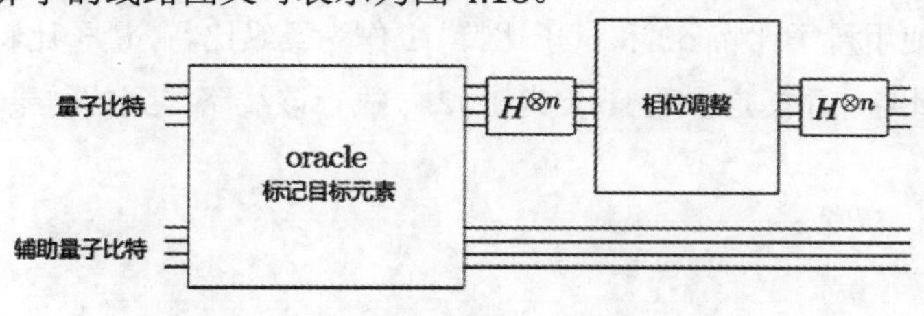

图 4.16　G 算子（示意图）

在G算子的线路图表示中，我们用量子黑箱 oracle 算子来标记目标元素。为了方便描述，以$N=4$的情况为例，数据库由 4 个元素“00”“01”“10”和“11”构成。其中，需要搜索的目标元素为“11”。在这种情况下，可将 Grover 算法的线路图细化为图 4.17。

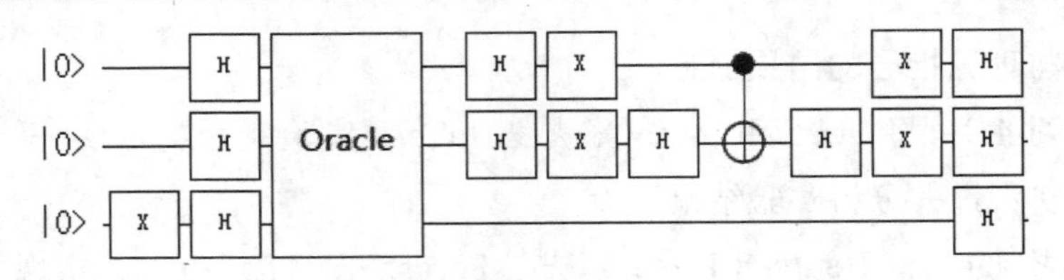

图 4.17 *N*=4 的 Grover 算法线路图（示意图）

当$N=4$且需要搜索的唯一目标元素为“11”的情况下，量子黑箱 oracle 算子的作用就是只有状态为“11”时，才会将辅助量子比特反相。由于$N=4$的特殊性，只需要使用G算子一次就能够以 100%的概率搜索到目标元素“11”。

4.3.1 IBM Quantum Experience

同样，选择 ibmqx4 芯片作为后端去执行代码或线路图。接下来，分别使用“五线谱”和 QISKit 工具对 Grover 算法进行编程实现。

按照“五线谱”方式构造的线路图如图 4.18 所示。

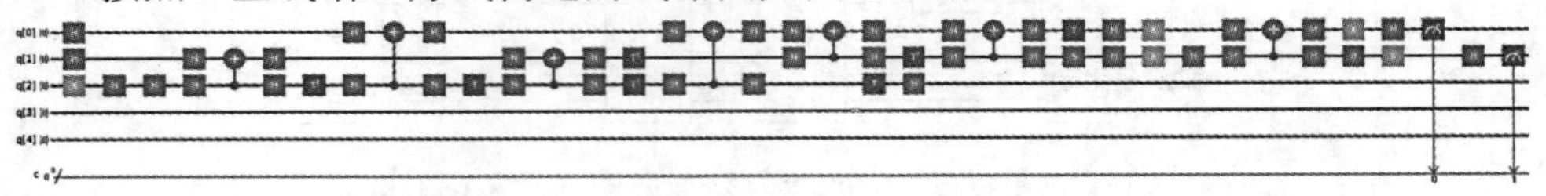

图 4.18 五线谱编程实现的 Grover 算法（示意图）

我们使用量子比特 q0 和量子比特 q1 作为操纵比特，量子比特 q2 作为辅助量子比特，并指定参数 shot 为 1 024。执行该线路得到的结果如图 4.19 所示。

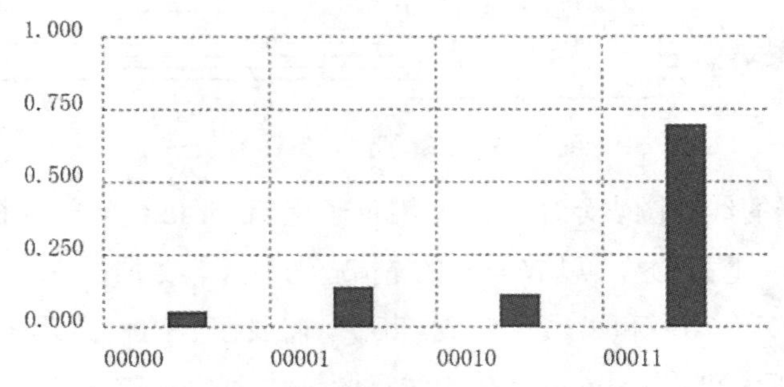

图 4.19 Grover 算法执行结果

显然，能够以 69.7%的概率找到目标元素“11”。

通过 QISKit 工具，也可执行 Grover 算法。其编写的程序如下：

```
from IBMQuantumExperience import *
config = {
    "url": 'https://quantumexperience.ng.bluemix.net/api'
}
token = "your token"
api = IBMQuantumExperience(token, config)
code = 'include "qelib1.inc";qreg q[5];creg c[5];h q[0];h q[1];x q[2];h q[2];h q[2];h q[1];h q[2];cx q[2],q[1];h q[1];h q[2];tdg q[2];h q[0];h q[2];cx q[2],q[0];h q[0];h q[2];t q[2];h q[1];h q[2];cx q[2],q[1];h q[1];h q[2];tdg q[1];tdg q[2];h q[0];h q[2];cx q[2],q[0];h q[0];h q[2];h q[0];h q[1];cx q[1],q[0];h q[0];h q[1];t q[2];tdg q[1];h q[2];h q[0];h q[1];cx q[1],q[0];h q[0];h q[1];t q[0];s q[1];h q[0];h q[1];x q[0];x q[1];h q[1];h q[0];h q[1];cx q[1],q[0];h q[0];h q[1];x q[0];h q[1];h q[0];x q[1];measure q[0] -> c[0];h q[1];measure q[1] -> c[1];'
data = api.run_experiment(code,'ibmqx4', 1024, name=None, timeout=180)
result = data['result']['measure']
label = result['labels']
value = result['values']
print("测量结果：")
print(label)
print("对应的概率为：")
print(value)
```

执行该代码可得到如图 4.20 所示的执行结果。

```
Waiting for results...
测量结果：
['00000', '00001', '00010', '00011']
对应的概率为：
[0.0791015625, 0.1865234375, 0.1181640625, 0.6162109375]
```

图 4.20　API 方式的执行结果

对上述结果进行分析可以发现，能够以 61.6%的概率找到目标元素“11”。

在理想情况下，能够以 100%的概率搜索到目标元素“11”。出现误差的主要原因在于制备量子比特和执行量子逻辑门的过程都是非理想的过程，无法避免与外界的交互所带来额外的噪声。在上述线路中，q0 和 q1 的线路深度都大于 35，这意味着对这两个量子比特进行了较多的操作。因此，出现这么大的误差也就不足为奇了。

4.3.2 LIQui|⟩

该平台直接提供对托佛利门（即 CCNOT 门）的支持，无须自行构造。因此，最终编写的代码如下：

```
[<LQD>]
let Grover3N() =
    let ket = Ket(3)
    let qs = ket.Qubits
    X qs.Tail.Tail
    H >< qs
    CCNOT qs
    let target = !!(qs,0,1)
    H >< target
    X >< target
    H target.Tail
    CNOT target
    H target.Tail
    X >< target
    H >< qs
    M >< target
    for q in target do
        show "测量得到的结果是：%s" (q.ToString())
```

我们选择使用“函数模式”执行 Grover 算法。通过 Visual Studio，将该函数写在 Liquid 项目的 source 文件夹的 main.fs 文件中，并重新编译该项目。在重新生成的 bin 文件夹中，执行命令

Liquid.exe Grover3N()

可得到如图 4.21 所示的执行结果。

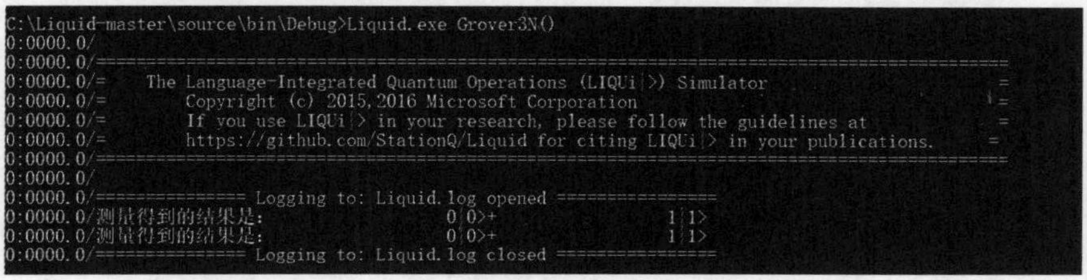

```
C:\Liquid-master\source\bin\Debug>Liquid.exe Grover3N()
0:0000.0/
0:0000.0/===============================================================================
0:0000.0/=    The Language-Integrated Quantum Operations (LIQUi|>) Simulator           =
0:0000.0/=        Copyright (c) 2015,2016 Microsoft Corporation                        =
0:0000.0/=        If you use LIQUi|> in your research, please follow the guidelines at =
0:0000.0/=        https://github.com/StationQ/Liquid for citing LIQUi|> in your publications. =
0:0000.0/===============================================================================
0:0000.0/
0:0000.0/============== Logging to: Liquid.log opened ===============
0:0000.0/测量得到的结果是:                0|0>+                1|1>
0:0000.0/测量得到的结果是:                0|0>+                1|1>
0:0000.0/============== Logging to: Liquid.log closed ===============
```

图 4.21　执行结果

显然，可成功地找到目标元素“11”，这符合理论推导的结果。

4.3.3　ProjectQ

在此处 Grover 算法的编程实现中，选择使用“量子仿真器”和“线路绘制”两种后端执行。编写的 Grover 算法代码如下：

```
def grover(eng,t):
    qs = eng.allocate_qureg(3)
    X | qs[2]
    All(H) | qs
    H | qs[2]
    CNOT | (qs[1],qs[2])
    Tdagger | qs[2]
    CNOT | (qs[0],qs[2])
    T | qs[2]
    CNOT | (qs[1],qs[2])
    Tdagger | qs[2]
    CNOT | (qs[0],qs[2])
    Tdagger | qs[1]
```

```
    T | qs[2]
    CNOT | (qs[0],qs[1])
    H | qs[2]
    Tdagger | qs[1]
    CNOT | (qs[0],qs[1])
    T | qs[0]
    S | qs[1]
    H | qs[0]
    H | qs[1]
    X | qs[0]
    X | qs[1]
    H | qs[1]
    CNOT | (qs[0],qs[1])
    H | qs[1]
    X | qs[0]
    X | qs[1]
    All(H) | qs
    Measure | qs
    eng.flush()
    if t == 'simulator':
        print("执行 Grover 算法，检索到的元素是：" + str(int(qs[0]))
    + str(int(qs[1])))
    elif t == 'drawer':
        latex = drawing_engine.get_latex()
        circuit = open("circuit.tex",'a')
        circuit.write(latex)
        circuit.close()
    else:
        pass
```

该函数有两个参数，即 eng 和 t。前者是在主函数中实例化的后端实例；后者是一个字符串，用于标记当前选定的后端的名称。

还需要编写一个调用 grover 函数的主函数。其代码如下：

```
if __name__ == "__main__":
    eng = MainEngine()
    types = 'simulator'
    grover(eng,types)
    drawing_engine = CircuitDrawer()
    eng = MainEngine(drawing_engine)
    types = 'drawer'
    grover(eng,types)
```

执行该函数，可得到以下输出：

>>>执行 Grover 算法，检索到的元素是：11。

此外，还会生成一个名为 circuit.tex 的文件，将该 LaTex 文件通过 PDFLatex 编译器进行编译，可得到 ProjectQ 绘制的 Grover 算法线路图，如图 4.22 所示。

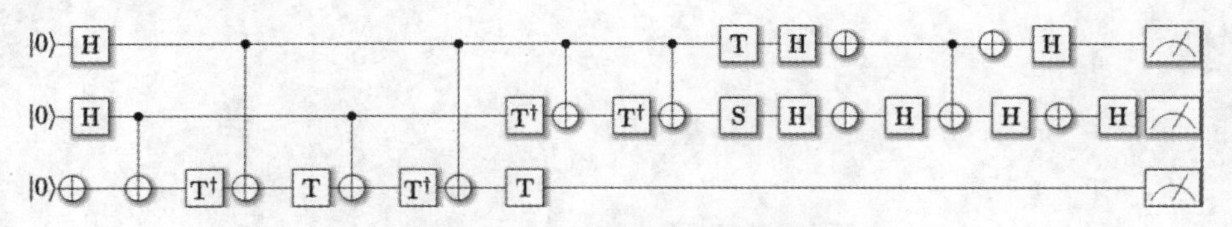

图 4.22　ProjectQ 编译的线路图

练习 4.5　将 Grover 算法在 QuTech 实验室开发的 QX 平台上进行编程实现，并分析实验结果。

练习 4.6　将 Grover 算法在 Forest 平台上进行编程实现，并用 QVM 后端执行代码。

本章中，我们分别在 IBM Quantum Experience，LIQui|⟩和 ProjectQ 3 个平台上使用不同的量子编程方式，实现了 Deutsch 算法、Deutsch-Jozsa 算法和 Grover 算法。由于篇幅所限，所介绍的量子计算平台仅仅是现有量子计算平台的冰山一角，并且这些平台目前正处于飞速发展的阶段。例如，

IBM Quantum Experience 和 Rigetti 等都发布了包含更多量子比特的量子芯片。除此之外，包括超导、离子阱等技术在内的不同技术路线的量子芯片的发展也呈百舸争流之势。而在量子编程方面，本章使用的量子编程方式各具特色。人们依然在努力设计一种能够充分利用量子计算并行性优势，并包含高级量子编程语言、量子汇编语言、线路图描述以及实际量子芯片在内的完整的编程环境。

虽然真实量子芯片的发展呈多元化的飞速发展之势，但我们必须承认距离实用还有很长的路要走。因此，在传统计算机上进行量子仿真仍然是一种研究量子算法、设计量子编程语言的重要手段。通过量子仿真器，能够最大限度地忽略现有的物理条件限制，更多地将关注重心放在量子算法和量子编程语言本身，从而设计出更优秀的算法和编程语言。

附　录

附录 A　命题 2.2 的证明

这个命题的证明中涉及简单的不等式

$$\sin x \le x \ (0 \le x), \tag{A.1}$$

$$x \le \arcsin x \le \frac{x}{\sqrt{1-x^2}} \ (0 \le x < 1)。 \tag{A.2}$$

证明中直接用到的是(A.2)，其左侧不等式为(A.1)的推论。下面是命题的重述及其证明。

命题 2.2　只要$N \ge 4$，Grover 算法的成功概率

$$p(N) = \sin^2(\theta + \hat{r}\varphi) \ge \frac{3}{4}。$$

其中

$$\theta = \arcsin\frac{1}{\sqrt{N}}，\ \varphi = \arcsin\frac{2\sqrt{N-1}}{N}，\ \hat{r} = \left\lfloor\frac{\pi\sqrt{N}}{4}\right\rfloor;$$

$$N = 2^n。$$

证明　由于$\sin^2\frac{\pi}{3} = \sin^2\frac{2\pi}{3} = \left(\frac{\sqrt{3}}{2}\right)^2 = \frac{3}{4}$，所以只要能证明下列(A.3)对$N \ge 4$成立即可：

$$\frac{\pi}{3} \le \theta + \hat{r}\varphi = \arcsin\frac{1}{\sqrt{N}} + \left\lfloor\frac{\pi\sqrt{N}}{4}\right\rfloor \arcsin\frac{2\sqrt{N-1}}{N} \le \frac{2\pi}{3}。 \tag{A.3}$$

证明分以下 3 步进行：

①对(A.3)中的左侧不等式即$\theta + \hat{r}\varphi \ge \frac{\pi}{3}$的证明。由

$$\theta + \hat{r}\varphi = \arcsin\frac{1}{\sqrt{N}} + \left\lfloor\frac{\pi\sqrt{N}}{4}\right\rfloor \arcsin\frac{2\sqrt{N-1}}{N}$$

$$\geq \frac{1}{\sqrt{N}} + \left(\frac{\pi\sqrt{N}}{4} - 1\right)\frac{2\sqrt{N-1}}{\sqrt{N}}$$
$$= \frac{1}{\sqrt{N}} + \frac{\pi\sqrt{N-1}}{2} - \frac{2\sqrt{N-1}}{\sqrt{N}}$$
$$\geq \frac{1}{\sqrt{N}} + \frac{\pi\sqrt{N-1}}{2} - \frac{2\sqrt{N-1}}{\sqrt{N}}$$
$$\geq \frac{1}{\sqrt{N}} + \frac{\pi\sqrt{N-1}}{2} - \frac{2\sqrt{N}}{\sqrt{N}}$$
$$\geq \frac{\pi\sqrt{N-1}}{2} - 2$$

可知，要使得$\theta + \hat{r}\varphi \geq \frac{\pi}{3}$成立，只需$\frac{\pi\sqrt{N-1}}{2} - 2 \geq \frac{\pi}{3}$，即

$$N \geq \left(\frac{2}{3} + \frac{4}{\pi}\right)^2 + 1 \leq \left(\frac{2}{3} + \frac{4}{3}\right)^2 + 1 = 5。$$

因此，只要$N \geq 5$即可。

②对(A.3)中的右侧不等式即$\theta + \hat{r}\varphi \leq \frac{2\pi}{3}$的证明。设$N \geq 5$。由

$$\theta + \hat{r}\varphi = \arcsin\frac{1}{\sqrt{N}} + \left\lfloor\frac{\pi\sqrt{N}}{4}\right\rfloor \arcsin\frac{2\sqrt{N-1}}{N}$$
$$\leq \arcsin\frac{1}{\sqrt{N}} + \frac{\pi\sqrt{N}}{4}\arcsin\frac{2\sqrt{N}}{N}$$
$$= \arcsin\frac{1}{\sqrt{N}} + \frac{\pi\sqrt{N}}{4}\arcsin\frac{2}{\sqrt{N}}$$
$$\leq \frac{\frac{1}{\sqrt{N}}}{\sqrt{1-\frac{1}{N}}} + \frac{\pi\sqrt{N}}{4}\frac{\frac{2}{\sqrt{N}}}{\sqrt{1-\frac{4}{N}}}$$
$$= \frac{1}{\sqrt{N-1}} + \frac{\pi\sqrt{N}}{2\sqrt{N-4}}$$

可知，要使得$\theta + \hat{r}\varphi \leq \frac{2\pi}{3}$成立，只需

$$\frac{1}{\sqrt{N-4}} + \frac{\pi\sqrt{N}}{2\sqrt{N-4}} \leq \frac{2\pi}{3}。 \tag{A.4}$$

令

$$t = \pi\sqrt{N-4},$$

则(A.4)变为

$$7t^2-48t-36(\pi^2-1)\geq 0, \tag{A.5}$$

求解方程$7t^2-48t-36(\pi^2-1)=0$，在$t\geq 0$范围内的唯一根为

$$t_1=\frac{24+6\sqrt{7\pi^2+9}}{7}。$$

由于(A.5)中的二次函数$7t^2-48t-36(\pi^2-1)$是凸函数，故式(A.5)成立当且仅当$t\geq t_1$，这等价于

$$\sqrt{N-4}\geq\frac{24+6\sqrt{7\pi^2+9}}{7\pi}=\frac{24}{7}+\frac{6}{7}\sqrt{7+\frac{9}{\pi^2}},$$

于是

$$N\geq\left(\frac{24}{7}+\frac{6}{7}\sqrt{7+\frac{9}{\pi^2}}\right)^2+4\leq\left(\frac{24}{7}+\frac{6}{7}\sqrt{7+\frac{9}{3^2}}\right)^2+4\leq 39。$$

所以，只需$N\geq 39$即可。

③综合①和②，可知$N\geq 39$命题成立。对于$4\leq N=2^n\leq 38$的情况，只需对$n=2,3,4,5$，即$N=4,8,16,32$穷举即可。由$p(N)=\sin^2(\theta+\hat{r}\varphi)$计算得到：

$$p(4)=1，p(8)>0.9，p(16)>0.9，p(32)>0.9,$$

结果全部大于$0.75=\frac{3}{4}$。■

附录 B　部分练习提示

练习 1.1　这是因为$\forall \boldsymbol{x},\boldsymbol{y}$ $\langle U_2U_1\boldsymbol{x},U_2U_1\boldsymbol{y}\rangle=\langle U_1\boldsymbol{x},U_1\boldsymbol{y}\rangle=\langle\boldsymbol{x},\boldsymbol{y}\rangle$。

练习 1.2　由于$\forall\boldsymbol{x}\in\mathbb{C}^n$，$\|U\boldsymbol{x}\|=\|\boldsymbol{x}\|$，即对任意的$\boldsymbol{x}\in\mathbb{C}^n$都有

$$\|U\boldsymbol{x}\|^2=\boldsymbol{x}^\dagger U^\dagger U\boldsymbol{x}=\|\boldsymbol{x}\|^2=\boldsymbol{x}^\dagger\boldsymbol{x},$$

所以必有$U^\dagger U=I$。

练习 1.3　设$U=[\boldsymbol{u}_1\ \ \boldsymbol{u}_2\ \ \cdots\ \ \boldsymbol{u}_n]$，由$U^\dagger U=I$可得$\boldsymbol{u}_i^\dagger\boldsymbol{u}_j=\delta_{ij}$。

练习 1.5　用克罗内克积的混合积性质即可证明。

练习 2.1 在$0 \le \theta < 2\pi$范围内，只有当$\theta = 0$时，R_θ才可能为埃尔米特矩阵，而此时它实际上退化为单位矩阵。

练习 2.3 先验证

$$HXH = \frac{1}{\sqrt{2}}\begin{bmatrix}1 & 1\\1 & -1\end{bmatrix}\begin{bmatrix}0 & 1\\1 & 0\end{bmatrix}\frac{1}{\sqrt{2}}\begin{bmatrix}1 & 1\\1 & -1\end{bmatrix}$$
$$= \frac{1}{2}\begin{bmatrix}1 & 1\\-1 & 1\end{bmatrix}\begin{bmatrix}1 & 1\\1 & -1\end{bmatrix} = \frac{1}{2}\begin{bmatrix}2 & 0\\0 & -2\end{bmatrix} = Z,$$

然后由$Z = HXH$，可得$HZH = HHXHH = X$。

练习 2.5 这是因为

$$\mathrm{C}\left(\mathrm{e}^{\mathrm{i}\theta}I\right) = \begin{bmatrix}I & O\\O & \mathrm{e}^{\mathrm{i}\theta}I\end{bmatrix} = \begin{bmatrix}1I & 0I\\0I & \mathrm{e}^{\mathrm{i}\theta}I\end{bmatrix}$$
$$= \begin{bmatrix}1 & 0\\0 & \mathrm{e}^{\mathrm{i}\theta}\end{bmatrix} \otimes I = R_\theta \otimes I。$$

练习 2.6 可采用真值表判断，但注意到$(x_1 \vee \neg x_2) \wedge (\neg x_1 \vee x_2) = x_1 \wedge x_2 \vee \neg x_1 \wedge \neg x_2 = \neg(x_1 \oplus x_2)$，因此，也可直接由异或及否运算的均衡性直接判为均衡的。

练习 2.7 首先$\mathrm{C}(-I)$是作用于两个量子位的，按照受控U门的定义，$\mathrm{C}(-I)$对基态的变换规则为

$$\mathrm{C}(-I)|x\rangle|y\rangle = |x\rangle(-I)^x|y\rangle = \begin{cases}|x\rangle|y\rangle & 若x = 0\\-|x\rangle|y\rangle & 若x = 1\end{cases}。$$

练习 2.9 两个恒值的函数都不可逆，因为非满射；剩下的两个：一个恒等函数，另一个否运算，则都是可逆的。

练习 2.10 如随机抽取区间[0,1]上的一个实数，该区间中任一实数都可能抽到，但抽到的概率都为 0；反之，该区间内任给定一实数（如 0.5）抽不到的概率都为 1，但这并非必然，因为有可能刚好就抽到了给定的如 0.5 这个数。

参考文献

Aaronson S, Grier D, Schaeffer L, 2015. The Classification of Reversible Bit Operations[Z]. arXiv:1504.05155 [quant-ph].

Bennett C H, 1973. Logical reversibility of computation[J]. IBM Journal of Research and Development, 17: 525–532.

Bennett C H, Bernstein E, Brassard G, et al, 1997. The strengths and weaknesses of quantum computation[J]. SIAM Journal on Computing, 26 (5): 1510–1523.

Born M, 1926. Zur Quantenmechanik der Stoßvorgänge[J]. Zeitschrift für Physik, 37 (12): 863–867.

Boyer M, Brassard G, Høyer P, et al, 1998. Tight Bounds on Quantum Searching[J]. Fortsch. Phys., 46: 493–506.

Deutsch D, 1985. Quantum Theory, the Church-Turing Principle and the Universal Quantum Computer[J]. Proceedings of the Royal Society of London A, 400: 97.

Deutsch D, Jozsa R, 1992. Rapid solutions of problems by quantum computation[J]. Proceedings of the Royal Society of London A, 439: 553.

Dirac P, 1930. The Principles of Quantum Mechanics[M]. Oxford: Oxford University Press.

Feynman R P, 1982. Simulating physics with computers[J]. International Journal of Theoretical Physics, 21 (6): 467–488.

Grover L K, 1996. A fast quantum mechanical algorithm for database search[J]. Proceedings, 28th Annual ACM Symposium on the Theory of

Computing, 212.

Hall B C, 2013. Quantum Theory for Mathematicians[M]. New York: Springer.

Nielsen M A, Chuang I L, 2010. Quantum Computation and Quantum Information: 10th Anniversary Edition[M]. Cambridge: Cambridge University Press.

Scientific American, 2008-07-21 [2017-12-18]. Solar Storms: Fast Facts[Z]. Nature Publishing Group.

Shor P W, 1994. Algorithms for quantum computation: discrete logarithms and factoring. Proceedings, 35th Annual Symposium on Foundations of Computer Science[M]. Los Alamitos: IEEE Press.

von Neumann J, 1932. Mathematical Foundations of Quantum Mechanics[M]. Berlin: Springer.

Ying M S, 2016. Foundations of Quantum Programming[M]. London: Morgan Kaufmann.